Über dieses Buch »Es stimmt zwar«, schreibt Bertrand Russell zu Beginn, »daß es unzählige populäre Darstellungen der Relativitätstheorie gibt, aber im allgemeinen hören sie genau an dem Punkt auf, verständlich zu sein, wo sie anfangen, etwas von Bedeutung zu sagen.« Dem hat Russell abgeholfen, und nicht ohne Grund avancierte sein ›*ABC der Relativitätstheorie*‹ zu einem der klassischen wissenschaftlichen Sachbücher unseres Jahrhunderts. Eingängig, über weite Strecken sogar unterhaltsam trägt Russell die Grundideen der Allgemeinen und Speziellen Relativitätstheorie vor, wobei er fast stets von Alltagserfahrungen ausgeht. Russell macht nirgendwo sachliche Abstriche und setzt doch kaum mehr voraus als gesunden Menschenverstand – dessen Reichweite er damit geistreich demonstriert.
Veröffentlicht wurde diese Schrift erstmals 1925. Für die dritte englische Auflage von 1969 wurde der Text mit Russells Einverständnis von Felix Pirani, Professor für theoretische Physik an der Universität London, ergänzt. Auf dieser Fassung beruht die vorliegende deutsche Übersetzung.

Der Autor Bertrand Russell wurde 1872 in Chepstow/Wales geboren. Er studierte Mathematik und Sozialwissenschaften in Cambridge und lehrte Philosophie u.a. in England, China und den Vereinigten Staaten. Daneben trat er als Politiker der Labour Party, als Pazifist, Pädagoge und Literat hervor. Für sein Buch ›*Marriage and Morals*‹ wurde ihm 1950 der Nobelpreis für Literatur verliehen. Bertrand Russell starb im Alter von achtundneunzig Jahren.
Im Fischer Taschenbuch Verlag erschien ›*Philosophie. Die Entwicklung meines Denkens*‹ (Bd. 6572) und ›*Moral und Politik*‹ (Bd. 6573).

Bertrand Russell

Das ABC der Relativitätstheorie

Neu herausgegeben von Felix Pirani

Aus dem Englischen von Uta Dobl und Erhard Seiler

Fischer Taschenbuch Verlag

9.–12. Tausend: November 1989

Ungekürzte Ausgabe
Veröffentlicht im Fischer Taschenbuch Verlag GmbH,
Frankfurt am Main, Februar 1989

Titel der englischen Originalausgabe:
›The ABC of Relativity‹

Lizenzausgabe mit freundlicher Genehmigung
der Nymphenburger Verlagshandlung GmbH, München
Umschlaggestaltung: Buchholz/Hinsch/Hensinger
Druck und Bindung: Clausen & Bosse, Leck
Printed in Germany
ISBN 3-596-26579-7

Inhaltsverzeichnis

Vorbemerkung

Dieses Buch erschien zum erstenmal im Jahr 1925. Die Grundprinzipien der Relativitätstheorie haben sich seither nicht geändert, aber der Bereich ihrer Anwendungen hat sich stark ausgeweitet, und so war für die 2. Auflage eine gewisse Revision nötig, die mit meinem Einverständnis von Herrn Felix Pirani durchgeführt wurde. Für die vorliegende 3. Auflage hat Herr Pirani einige Passagen zusätzlich revidiert, um sie in Einklang mit dem heutigen Wissensstand zu bringen.

Bertrand Russell

1. Kapitel

Greifen und Sehen: Erde und Himmel

Jedermann weiß, daß Einstein irgend etwas Erstaunliches getan hat, aber sehr wenige Leute wissen genau, was es nun eigentlich war. Es wird allgemein anerkannt, daß er unser physikalisches Weltbild revolutionierte, aber die neuen Vorstellungen sind verschlüsselt in mathematische Begriffe. Es stimmt zwar, daß es unzählige populäre Darstellungen der Relativitätstheorie gibt, aber im allgemeinen hören sie genau an dem Punkt auf, verständlich zu sein, wo sie anfangen, etwas von Bedeutung zu sagen. Den Verfassern kann man das kaum vorwerfen. Viele der neuen Ideen lassen sich in nicht-mathematischer Sprache ausdrücken, aber sie sind deshalb nicht weniger schwer zu verstehen. Was sie verlangen, ist eine Veränderung des Bildes, das wir uns von der Welt machen – eines Bildes, das uns von fernen, vielleicht vormenschlichen Vorfahren überliefert worden ist und das jeder von uns in früher Kindheit in sich aufgenommen hat. Vorstellungen zu ändern ist immer schwierig, besonders wenn man nicht mehr jung ist. Ein solches Umdenken verlangte auch die Lehre des Kopernikus, nämlich daß die Erde nicht stillsteht und daß sich der Himmel nicht jeden Tag einmal um sie dreht. Für uns liegt heute keine Schwierigkeit mehr in dieser Vorstellung, weil wir mit ihr vertraut gemacht worden sind, bevor unsere Denkgewohnheiten sich verfestigt hatten. So werden Einsteins Ideen den Generationen, die mit ihnen aufwachsen, leichter verständlich erscheinen; aber für uns ist eine gewisse geistige Anstrengung beim Umdenken unvermeidlich.

Wenn wir die Oberfläche der Erde erforschen, benutzen wir

alle unsere Sinne, besonders Gesichts- und Tastsinn. Für das Messen von Strecken gebraucht man in vorwissenschaftlichen Zeitaltern Teile des menschlichen Körpers: ein ›Fuß‹, eine ›Elle‹, eine ›Spanne‹ werden so festgelegt. Bei größeren Entfernungen denken wir an die Zeit, die wir brauchen, um von einem Ort zu einem anderen zu gelangen. Allmählich lernen wir es, eine Entfernung ungefähr mit dem Auge zu schätzen, aber wir verlassen uns auf unsere Hand, wenn es auf Genauigkeit ankommt. Außerdem gibt gerade die Berührung mit der Hand das Gefühl der ›Wirklichkeit‹. Manche Dinge lassen sich nicht greifen: Regenbogen, Spiegelbilder usw. Diese Dinge sind verwirrend für Kinder; sie werden zu metaphysischen Spekulationen angeregt durch die Auskunft, daß das, was man im Spiegel sieht, nicht ›wirklich‹ ist. Macbeths Dolch war unwirklich, weil er ›greifbar nur dem Auge, nicht der Hand‹ war. Nicht nur unsere Geometrie und Physik, sondern unsere gesamte Vorstellung von dem, was außerhalb von uns selbst existiert, gründet sich auf den Tastsinn. Wir tragen das sogar in unsere sprachlichen Bilder hinein. Eine glaubwürdige Erklärung ist ›hieb- und stichfest‹, mit einer unglaubwürdigen versucht man, uns ›blauen Dunst‹ vorzumachen, weil wir das Gefühl haben, daß Dunst nicht ganz ›wirklich‹ ist.

Wenn wir aber den Himmel erforschen wollen, bleibt uns von all unseren Sinnen allein das Sehen. Wir können die Sonne weder anfassen noch zu ihr hinreisen; weder können wir schon um den Mond herumgehen, noch einen Maßstab an die Plejaden legen. Trotzdem haben sich die Astronomen ohne Zögern der Art Geometrie und Physik bedient, die sich auf der Erdoberfläche als dienlich erwiesen hatte und die auf Berührung und Fortbewegung aufgebaut war. Dabei haben sie sich in Schwierigkeiten gebracht, die erst Einstein bereinigen konnte. Es stellte sich heraus, daß vieles von dem, was wir durch den Tastsinn gelernt hatten, ein unwissenschaftliches Vorurteil war, von dem wir uns lösen mußten, um ein zutreffendes Bild von der Welt zu gewinnen.

Ein Beispiel kann uns helfen zu verstehen, welche Mittel dem Astronomen fehlen, verglichen mit jemandem, der sich mit Gegenständen auf der Erdoberfläche beschäftigt. Nehmen wir an, es wird Ihnen ein Mittel verabreicht, das Sie für einige Zeit bewußtlos macht, und Sie haben, wenn Sie erwachen, Ihr Gedächtnis, aber nicht Ihre Urteilskraft verloren. Nehmen wir ferner an, daß Sie während Ihrer Bewußtlosigkeit in einen Ballon gebracht wurden, der, wenn Sie zu sich kommen, in einer dunklen Nacht im Wind treibt – in der Nacht des 5. November, wenn Sie in England sind, oder des 4. Juli, wenn Sie in Amerika sind. Sie können Feuerwerksgarben sehen, die vom Boden, von Zügen und von Flugzeugen, die in alle Richtungen fliegen, abgefeuert werden, aber wegen der Dunkelheit können Sie weder den Boden noch die Züge, noch die Flugzeuge sehen. Was für ein Bild werden Sie sich von der Welt machen? Sie werden glauben, daß nichts beständig ist; es gibt nur Lichtblitze, die sich während der kurzen Zeit ihrer Existenz in den verschiedensten und absonderlichsten Kurven durch den Raum bewegen. Sie können diese Blitze nicht anfassen, Sie können sie nur sehen. Offensichtlich werden Ihre Geometrie und Ihre Physik und Ihre Metaphysik ganz anders sein als die gewöhnlicher Sterblicher. Wenn ein gewöhnlicher Sterblicher bei Ihnen im Ballon wäre, würden Ihnen seine Reden unverständlich erscheinen. Aber wenn Einstein bei Ihnen wäre, würden Sie ihn leichter verstehen als der gewöhnliche Sterbliche, weil Sie frei wären von einem Bündel von vorgefaßten Meinungen, die die meisten heute daran hindern, ihn zu verstehen.

Die Relativitätstheorie hängt weitgehend davon ab, daß man Vorstellungen los wird, die im normalen Leben, aber nicht für unseren aus seiner Betäubung erwachenden Ballonfahrer nützlich sind. Aus verschiedenen, mehr oder weniger zufälligen Gründen legen die Verhältnisse auf der Erdoberfläche Vorstellungen nahe, die sich als ungenau herausstellen, obwohl sie uns nun schon als Denknotwendigkeiten erscheinen. Der wichtigste dieser Umstände besteht darin, daß die meisten Gegenstände auf der Erdoberfläche, von einem irdischen Standpunkt aus betrachtet, ziemlich dauerhaft und fast ortsfest sind. Wenn das nicht so wäre, erschiene uns der Begriff der Bewegung nicht so eindeutig. Wenn jemand von *King's Cross Station* nach Edinburgh fahren will, weiß er, daß er *King's Cross* dort finden wird, wo es immer war, daß die Schienen in dieselbe Richtung führen werden wie beim letzten Mal, als er diese Reise machte, und daß *Waverley Station* in Edinburgh nicht zum Schloß hinaufgewandert sein wird. Er sagt und denkt deshalb, daß er nach Edinburgh gefahren ist, nicht, daß Edinburgh zu ihm gefahren ist, obwohl diese Behauptung genauso richtig wäre. Daß dieser dem gesunden Menschenverstand entsprechende Standpunkt mit soviel Erfolg anwendbar ist, liegt an einer Reihe von Gegebenheiten, die in Wirklichkeit bloßer Zufall sind. Stellen wir uns vor, alle Häuser in London wären ständig in Bewegung wie ein Bienenschwarm; stellen wir uns weiter vor, Eisenbahnschienen bewegten sich und änderten ihre Form wie Lawinen; und stellen wir uns schließlich vor, materielle Gegenstände bildeten sich ständig neu und lösten sich wieder auf wie Wolken. Diese Annahmen enthalten nichts Unmögliches. Aber offensichtlich hätte in einer solchen Welt ein Begriff wie ›Reise nach Edinburgh‹ keinen Sinn. Der Reisende würde ohne Zweifel zunächst den Taxifahrer fragen: »Wo ist *King's Cross* heute morgen?« Ebenso müßte er auf dem Bahnhof nach Edinburgh fragen, aber der Schalterbeamte würde antworten: »Welchen Teil von Edinburgh meinen Sie, Sir? *Prince's Street* ist nach Glasgow gewandert, das Schloß ist ins Hochland hinaufgerückt und *Waverley Station* liegt unter Wasser, mitten im *Firth of Forth.*« Und unterwegs würden sich die Stationen nicht ruhig verhalten, sondern es würden sich einige nach Norden bewegen, andere nach Süden, wieder andere nach Osten oder Westen, vielleicht viel schneller als der Zug. Unter diesen Umständen könnte niemand sagen, wo er sich in einem bestimmten Augenblick befindet. Tatsächlich beruht die ganze Vorstellung, daß man sich immer an einem bestimmten ›Ort‹ befindet, auf der Bewegungslosigkeit, die glücklicherweise den meisten großen Gegenständen auf der Erdoberfläche eigen ist. Die Vorstellung ›Ort‹ ist nur eine grobe praktische Approximation: an ihr ist nichts logisch Zwingendes, und man kann sie nicht präzisieren.

Wenn wir nicht um vieles größer als ein Elektron wären, hätten wir nicht diesen Eindruck der Stabilität, der nur auf der Grobheit unserer Sinne beruht. *King's Cross*, das uns als kompaktes Objekt erscheint, wäre zu riesig, als daß sich außer ein paar exzentrischen Mathematikern jemand eine Vorstellung davon machen könnte. Die Stücke, die wir davon sehen könnten, bestünden aus winzigkleinen Materieteilchen, die sich nie berührten, sondern immerfort in einem unvorstellbar schnellen Tanz umeinander herumsausten. Die Welt unserer Erfahrung wäre genauso verrückt wie die Welt, in der die verschiedenen Teile Edinburghs in verschiedenen Richtungen spazierengehen. Wenn wir, um das entgegengesetzte Extrem zu nehmen, so groß wären wie die Sonne und so lange lebten wie sie und wenn unser Wahrnehmungsvermögen entsprechend langsam arbeitete, würden wir wieder ein kunterbuntes Universum ohne Beständigkeit vorfinden – Fixsterne und Planeten würden kommen und gehen wie Morgennebel, und nichts bliebe relativ zu irgend etwas anderem an einem festen Ort. Die Idee einer verhältnismäßig großen Stabilität, die zu unserer normalen Vorstellungswelt gehört, beruht so auf der Tatsache, daß wir gerade so groß sind, wie wir sind, und auf einem Planeten leben, dessen Oberfläche nicht sehr heiß ist. Wenn das nicht der Fall wäre, könnte die Physik der Zeit vor Entdeckung der Relativitätstheorie unseren Verstand nicht befriedigen. Wir würden jene Theorien nie erfunden haben. Wir hätten mit einem einzigen Sprung zur Physik der Relativität gelangen müssen oder wir hätten nie naturwissenschaftliche Gesetze finden können. Wir haben Glück gehabt, daß wir nicht vor diese Wahl gestellt wurden, da es fast unvorstellbar ist, daß ein Mann allein das Werk Euklids, Galileis, Newtons und Einsteins hätte schaffen können. Ohne solch ein unvorstellbares Genie jedoch hätte die

Physik in einer Welt, in der die universelle Fluktuation für den nichtwissenschaftlichen Beobachter eine Selbstverständlichkeit gewesen wäre, kaum entdeckt werden können.

Obwohl Sonne, Mond und Sterne Jahr um Jahr weiterexistieren, unterscheidet sich die Welt, mit der wir es in der Astronomie zu tun haben, doch in anderer Hinsicht von der des täglichen Lebens. Wie schon bemerkt, müssen wir uns ausschließlich auf das Sehen verlassen: die Himmelskörper kann man nicht anfassen, hören, riechen oder schmecken. Alles am Himmel bewegt sich relativ zu allem anderen. Die Erde dreht sich um die Sonne, die Sonne bewegt sich sehr viel schneller als ein Schnellzug auf einen Punkt im Sternbild Herkules zu, die ›fixierten‹, die Fixsterne laufen hierhin und dorthin wie eine Schar aufgeschreckter Hühner. Am Himmel gibt es keine gut markierten Orte wie *King's Cross* und Edinburgh. Wenn man auf der Erde von Ort zu Ort fährt, sagt man, daß der Zug sich bewegt und nicht die Stationen, weil die Stationen ihre topographische Lage zueinander und zu ihrer Umgebung bewahren. Aber in der Astronomie kann man willkürlich festlegen, was man Zug und was man Station nennt: Die Frage muß rein nach praktischen Gesichtspunkten und als Sache der Konvention behandelt werden.

In diesem Zusammenhang ist es interessant, Einstein und Kopernikus einander gegenüberzustellen. Vor Kopernikus glaubte man, die Erde stehe still und der Himmel drehe sich jeden Tag einmal um sie herum. Kopernikus lehrte, daß ›in Wirklichkeit‹ die Erde jeden Tag einmal um ihre Achse rotiere und die tägliche Umdrehung von Sonne und Sternen nur ›scheinbar‹ sei. Galilei und Newton bestätigten diese Ansicht, und viele Dinge wurden als Beweis dafür angesehen, zum Beispiel die Abplattung der Erde an den Polen und die Tatsache, daß Körper dort schwerer sind als am Äquator. Aber nach der heutigen Theorie ist die Entscheidung für Kopernikus oder seine Vorgänger eine bloße Frage der Zweckmäßigkeit. Alle Bewegung ist relativ, und es besteht kein Unterschied zwischen den beiden

Aussagen ›Die Erde dreht sich einmal am Tag um ihre Achse‹ und ›Der Himmel dreht sich einmal am Tag um die Erde‹. Beide meinen genau dasselbe, ebenso wie es dasselbe bedeutet, wenn ich sage, daß eine gewisse Strecke 100 cm oder daß sie 1 m mißt. Die Astronomie ist einfacher, wenn wir die Sonne statt der Erde als feststehend annehmen, ebenso wie Rechnungen in einem dezimalen Münzsystem einfacher sind. Mehr für das kopernikanische Weltbild vorzubringen, heißt an absolute Bewegung glauben, und die ist eine Fiktion. Alle Bewegung ist relativ, und es ist bloße Konvention, welchen Körper man als ruhend betrachtet. Solche Konventionen sind alle gleich legitim, obwohl nicht alle gleich zweckmäßig sind.

Es gibt noch ein anderes sehr wichtiges Problem, bei dem sich die Astronomie von der terrestrischen Physik unterscheidet, weil sie sich ausschließlich auf das Sehen verlassen muß. Sowohl im vorwissenschaftlichen Denken als auch in der früheren Physik gebrauchte man den Begriff der ›Kraft‹, der verständlich schien, weil er an vertraute Empfindungen denken ließ. Wenn wir gehen, haben wir Empfindungen, die von unseren Muskeln kommen und die wir nicht haben, wenn wir stillsitzen. Obwohl es in den Tagen vor Erfindung der mechanischen Transportmittel möglich war, im Wagen sitzend zu reisen, so konnte man doch sehen, wie die Pferde sich anstrengten und offensichtlich in der gleichen Art wie Menschen Kraft aufwendeten. Jeder wußte aus eigener Erfahrung, was es bedeutet, zu schieben oder zu ziehen, oder geschoben oder gezogen zu werden. Diese so vertrauten Tatsachen schienen die ›Kraft‹ zur natürlichen Grundlage der Dynamik zu machen. Aus dem Newtonschen Gravitationsgesetz ergab sich jedoch eine Schwierigkeit. Die Kraft, die zwischen zwei Billardkugeln wirkt, erschien verständlich, weil man wußte, wie es ist, mit jemandem zusammenzustoßen; aber die Kraft, die zwischen der Erde und der Sonne, die 150 Millionen Kilometer voneinander entfernt sind, wirkt, war geheimnisvoll. Newton selbst hielt diese ›Fernwirkung‹ für unmöglich und glaubte, daß es einen bisher noch unentdeckten

Mechanismus gäbe, durch den der Einfluß der Sonne auf die Planeten übertragen würde. Es wurde jedoch kein solcher Mechanismus entdeckt, und die Gravitation blieb ein Rätsel. Tatsächlich ist die ganze Vorstellung von einer ›Kraft‹ falsch. Die Sonne übt keine Kraft auf die Planeten aus; nach Einsteins Gravitationsgesetz kümmert sich der Planet nur darum, wie es in seiner eigenen Nachbarschaft aussieht. Wie das vor sich geht, soll in einem späteren Kapitel erklärt werden. Im Augenblick beschäftigt uns die Notwendigkeit, den Begriff ›Kraft‹ abzuschaffen, der auf irreführenden Vorstellungen beruht, die wir durch unseren Tastsinn gewonnen haben.

Mit dem Fortschreiten der Physik wurde immer deutlicher, daß das Sehen als Quelle grundlegender Vorstellungen von der Materie weniger irreführend als der Tastsinn ist. Es ist eine Täuschung, zu meinen, daß der Vorgang beim Zusammenstoß von Billardkugeln so einfach ist, wie er aussieht. In Wirklichkeit berühren sich die beiden Billardkugeln überhaupt nicht; das tatsächliche Geschehen ist unvorstellbar kompliziert, aber jedenfalls gleicht es mehr dem, was geschieht, wenn ein Komet in unser Sonnensystem eintritt und es wieder verläßt, als der Vorstellung, die sich der gesunde Menschenverstand vom Zusammenstoß zweier Billardkugeln macht.

Das meiste von dem, was bisher gesagt wurde, war den Physikern schon bekannt, bevor Einstein die Relativitätstheorie erfand. Man wußte, daß ›Kraft‹ nur eine mathematische Fiktion war, und man war allgemein der Auffassung, daß Bewegung nur ein relatives Phänomen sei – das heißt, daß wir, wenn zwei Körper ihre relative Position ändern, nicht sagen können, der eine sei in Bewegung und der andere in Ruhe, weil der Vorgang eine bloße Veränderung in ihrer Beziehung zueinander ist. Eine große Anstrengung war jedoch nötig, um die tatsächliche Arbeitsweise der Physik mit diesen neuen Überzeugungen in Einklang zu bringen. Newton glaubte an Kraft, einen absoluten Raum und eine absolute Zeit. Diese Überzeugungen schlugen sich in seinen Arbeitsmethoden nieder, und seine Methoden wurden von den Physikern, die nach ihm kamen, übernommen. Einstein erfand eine neue Betrachtungsweise, die frei von Newtons Annahmen war. Um das zu erreichen, mußte er die alten Begriffe von Raum und Zeit, die seit undenklichen Zeiten unangefochten geherrscht hatten, grundlegend ändern. Gerade dadurch ist seine Theorie schwierig und interessant zugleich. Bevor das näher ausgeführt werden kann, müssen einige vorbereitende Überlegungen angestellt werden. Damit werden sich die nächsten beiden Kapitel beschäftigen.

2. *Kapitel*

Was sich ereignet und was man beobachtet

Es gibt eine Sorte ungemein überlegener Menschen, die gern versichern, alles sei relativ. Das ist natürlich Unsinn, denn wenn *alles* relativ wäre, gäbe es nichts, wozu es relativ sein könnte. Ohne in metaphysische Absurditäten zu geraten, läßt sich jedoch behaupten, daß alles in der physikalischen Welt relativ zu einem Beobachter ist. Diese Ansicht, sei sie zutreffend oder nicht, wird *nicht* von der Relativitätstheorie geteilt. Vielleicht ist die Bezeichnung unglücklich, und sicher hat sie Philosophen und ungebildete Leute verwirrt. Sie stellen sich vor, die neue Theorie erweise *alles* in der natürlichen Welt als relativ, obwohl sie sich im Gegenteil allein darum bemüht, alles Relative auszuschließen und zu einer Formulierung physikalischer Gesetze zu gelangen, die in keiner Weise von den Verhältnissen des Beobachters abhängt. Zwar weiß man heute, daß diese Verhältnisse einen größeren Einfluß, als man früher meinte, auf das haben, was der Beobachter sieht, aber gleichzeitig hat Einstein gezeigt, wie man von diesem Einfluß völlig abstrahieren kann. Dies ist der Ursprung von fast allem, was uns an seiner Theorie überraschend erscheint.

Wenn zwei Beobachter einen Vorgang wahrnehmen, der gemeinhin als ein und derselbe angesehen wird, bestehen gewisse Ähnlichkeiten und auch gewisse Unterschiede zwischen ihren Wahrnehmungen. Die Unterschiede werden durch die Erfordernisse des täglichen Lebens verwischt, denn, vom Gesichtspunkt des Handelns her betrachtet, sind sie in der Regel unwichtig. Aber sowohl die Psychologie als auch die Physik müssen aus ihrem jeweils anderen Blickwinkel betonen, in welcher Hinsicht die Wahrnehmung eines gegebenen Vorgangs durch den einen Menschen sich von der eines anderen unterscheidet. Einige dieser Unterschiede sind die Folge von Unterschieden in den Köpfen oder in der Vorstellungswelt der Beobachter, andere gehen auf Unterschiede in ihren Sinnesorganen zurück, wieder andere auf Unterschiede in ihrer physikalischen Situation: diese drei Arten kann man als den psychologischen, physiologischen und physikalischen Unterschied bezeichnen. Eine Bemerkung in einer uns bekannten Sprache werden wir hören, wogegen eine gleich laute Bemerkung in einer unbekannten Sprache oft völlig unbeachtet an uns vorübergehen wird. Von zwei Menschen, die sich in den Alpen befinden, nimmt der eine die Schönheit der Landschaft wahr, während der andere die Wasserfälle unter dem Gesichtspunkt der Energiegewinnung betrachtet. Diese Unterschiede sind psychologischer Art. Der Unterschied zwischen einem Weitsichtigen und einem Kurzsichtigen oder zwischen einem Tauben und einem Menschen, der gut hört, ist physiologischer Natur. Keiner von diesen Unterschieden beschäftigt uns hier, und ich erwähne sie nur, um sie auszuschließen. Uns interessieren lediglich die rein physikalischen Unterschiede. Solche Unterschiede zwischen zwei Beobachtern bleiben erhalten, wenn die Beobachter durch Kameras oder Aufnahmegeräte ersetzt werden, und lassen sich durch einen Film oder durch ein Grammophon reproduzieren. Wenn zwei Menschen einem dritten beim Sprechen zuhören und einer davon steht näher beim Sprecher als der andere, so wird der Näherstehende lautere Töne hören als der andere, und sie werden bei ihm auch etwas früher ankommen als beim anderen. Wenn zwei Menschen beobachten, wie ein Baum fällt, sehen sie es von verschiedenen Blickwinkeln aus. Diese beiden Unterschiede würden ebenso von Aufnahmegeräten angezeigt werden: sie sind keineswegs auf Eigenheiten der Beobachter zurückzuführen, sondern gehören zum normalen Naturgeschehen, so wie wir es erleben.

Der Physiker glaubt ebenso wie der gewöhnliche Mensch, daß seine Wahrnehmungen ihm Kenntnis geben von dem, was wirklich in der Natur vorgeht, und nicht nur von dem, was er persönlich erlebt. Als Physiker betrachtet er die physikalische Welt als ›wirklich‹, nicht nur als einen Traum der Menschen. Eine Sonnenfinsternis zum Beispiel kann jeder beobachten, der einen geeigneten Standort hat, und sie wird auch von photographischen Platten, die man zu diesem Zweck belichtet, aufgenommen. Der Physiker ist überzeugt, daß wirklich etwas geschehen ist, außerhalb des Erlebnisses derer, die die Sonne oder Photographien von ihr betrachtet haben. Ich habe diesen Punkt, der vielleicht ganz selbstverständlich erscheint, deshalb hervorgehoben, weil manche Leute meinen, daß Einstein hier einen anderen Standpunkt vertreten habe. In Wirklichkeit ist das nicht der Fall.

Wenn aber der Physiker recht hat mit der Meinung, daß eine Anzahl von Menschen ›denselben‹ physikalischen Vorgang beobachten können, dann muß er sich also für diejenigen Merkmale des Vorgangs interessieren, die in allen Wahrnehmungen wiederkehren, denn die anderen können nicht als zum Vorgang selbst gehörig betrachtet werden. Wenigstens muß sich der Physiker auf die Merkmale beschränken, die von allen ›gleich guten‹ Beobachtern wahrgenommen werden. Ein Beobachter, der ein Mikroskop oder Teleskop benutzt, ist einem anderen, der diese Instrumente nicht hat, vorzuziehen, weil er alles sieht, was auch der andere sieht, und noch mehr. Eine empfindliche photographische Platte kann wiederum mehr ›sehen‹ und ist in diesem Fall dem Auge vorzuziehen. Aber Unterschiede wie zum Beispiel in der Perspektive oder Unterschiede in der Größe, die auf verschiedener Entfernung beruhen, können selbstverständlich nicht dem Gegenstand zugeschrieben werden, sie sind einzig und allein Unterschiede im Standpunkt des Betrachters. Der gesunde Menschenverstand eliminiert sie, wenn er ein Urteil über einen Gegenstand abgibt. Die Physik muß auf demselben Weg viel weiter gehen, aber das Prinzip ist dasselbe.

Ich möchte klarstellen, daß es mir nicht um eine Ungenauigkeit irgendwelcher Art geht. Es geht mir vielmehr um echte physikalische Unterschiede zwischen Erscheinungen, von denen alle von ihrem jeweiligen Standpunkt aus eine richtige Wiedergabe eines bestimmten Ereignisses sind. Wenn jemand ein Gewehr abfeuert, so sehen Leute, die sich in einiger Entfernung von ihm befinden, das Mündungsfeuer, bevor sie den Schuß hören. Das liegt nicht an einem Defekt ihrer Sinnesorgane, sondern an der Tatsache, daß Schall sich langsamer als Licht ausbreitet. Die Ausbreitungsgeschwindigkeit des Lichts ist so groß, daß man sie für die Phänomene auf der Erdoberfläche als unendlich betrachten kann. Alles was wir auf der Erdoberfläche sehen können, geschieht praktisch in dem Augenblick, in dem wir es sehen. In einer Sekunde legt das Licht 300 000 km zurück. Von der Sonne zur Erde braucht es ungefähr acht Minuten und von den Sternen bis zu uns zwischen vier Millionen und einer Milliarde Jahren. Aber wir können natürlich nicht eine Uhr auf der Sonne aufstellen und von dort einen Lichtblitz um 12 Uhr mittags Greenwich-Zeit aussenden und ihn um 12.08 Uhr in Greenwich empfangen lassen. Unsere Methoden, die Lichtgeschwindigkeit zu messen, müssen mehr oder weniger indirekt sein. Am direktesten ist die Methode, die wir beim Schall anwenden, wenn wir uns eines Echos bedienen. Wir könnten einen Lichtblitz zu einem Spiegel schicken und beobachten, wie lang es dauert, bis der Reflex bei uns ankommt. Damit erhielten wir die Zeit, die das Licht für den Weg zum Spiegel und zurück braucht. Auf der Erde wäre diese Zeit jedoch zu kurz, als daß man sie messen könnte, so daß die Physiker gezwungen sind, in der Praxis kompliziertere Methoden anzuwenden; das grundlegende Prinzip aber ist doch das des Echos.

Dasselbe Prinzip wird beim Radar für einen anderen Zweck benutzt. Sehr kurze Radiowellen werden ausgesandt und von einem entfernten Gegenstand zurückgeworfen. Dann kann die Entfernung aus der Zeit, die die Wellen für den Hin- und Rückweg brauchen, errechnet werden.

Zu allen Zeiten, so könnte man uns erwidern, war sich die Physik darüber im klaren, daß dem Standort des Beobachters Rechnung getragen werden muß, ja, dieses Problem hat seit der Zeit des Kopernikus die Astronomie geradezu beherrscht. Das ist richtig. Aber Prinzipien werden oft anerkannt, lange bevor ihre vollen Konsequenzen erkannt werden. Ein großer Teil der traditionellen Physik ist unvereinbar mit diesem Prinzip, obwohl es theoretisch von allen Physikern anerkannt wurde.

Es gab früher eine Reihe von Anschauungen, die den philosophischen Köpfen Unbehagen verursachten, die aber von den Physikern akzeptiert wurden, weil sie sich in der Praxis bewährten. Locke hatte unterschieden zwischen ›sekundären‹ Qualitäten – Farben, Klängen, Geschmack, Geruch usw. –, die er für subjektiv hielt, und ›primären‹ Qualitäten – Form, Position und Größe –, die er als echte Eigenschaften physikalischer Gegenstände ansah. Die Regeln des Physikers entsprachen dieser Lehre. Man glaubte, daß Farben und Klänge subjektiv seien, aber auf Wellen beruhten – Licht- oder Schallwellen, je nachdem –, die sich mit einer bestimmten Geschwindigkeit von ihrer Quelle bis zum Auge oder Ohr des Wahrnehmenden fortpflanzen. Die Formen eines Gegenstandes, wie sie sich dem Auge darbieten, verändern sich nach den Gesetzen der Perspektive, aber diese Gesetze sind einfach, und nach ihnen kann man, wenn man mehrere dieser Formen gesehen hat, leicht auf die ›wirkliche‹ Form schließen; außerdem kann man sich im Fall von Körpern in unserer Nähe Gewißheit über die ›wirkliche‹ Form durch den Tastsinn verschaffen. Auf den objektiven Zeitpunkt eines physikalischen Vorgangs läßt sich von dem Zeitpunkt, an dem man ihn wahrnimmt, schließen, wenn man die Fortpflanzungsgeschwindigkeit berücksichtigt – mag es sich nun um Licht, Schall oder um Nervenströme handeln. Diese Haltung nahmen die Physiker bei ihrer Arbeit ein, welche Bedenken sie auch immer in Augenblicken, in denen sie ihren Beruf vergaßen, gehabt haben mochten.

Diese Haltung bewährte sich so lange, bis die Physiker anfingen, sich mit viel größeren Geschwindigkeiten als den auf der Erdoberfläche üblichen zu befassen. Ein Schnellzug legt ungefähr zwei Kilometer in der Minute zurück, die Planeten mehrere Kilometer in der Sekunde. Kometen, die sich in Sonnennähe befinden, bewegen sich noch viel schneller, aber weil ihre Form sich dauernd ändert, ist es unmöglich, ihre Position ganz genau zu bestimmen. Die Planeten waren praktisch die am schnellsten bewegten Körper, auf die die Dynamik noch anwendbar war. Mit der Entdeckung der Radioaktivität und der kosmischen Strahlung und kürzlich mit dem Bau von hochenergetischen Teilchenbeschleunigern sind neue Bereiche der Beobachtung erschlossen worden. Man kann jetzt einzelne Elementarteilchen beobachten, die sich fast mit Lichtgeschwindigkeit bewegen. Das Verhalten von Körpern, die diese ungeheueren Geschwindigkeiten haben, ist anders, als wir es nach den alten Theorien erwarten müßten. Einmal scheint die Masse mit der Geschwindigkeit in einer ganz bestimmten Weise zu wachsen. Wenn ein Elektron sich sehr schnell bewegt, wird eine größere Kraft benötigt, um eine bestimmte Wirkung zu erzielen, als wenn es sich langsam bewegt. Außerdem stieß man auf Tatsachen, die vermuten ließen, daß die Größe eines Körpers von seiner Bewegung abhängt – wenn man zum Beispiel einen Würfel nimmt und ihn sehr schnell bewegt, wird er für jemanden, der sich nicht mit ihm bewegt, in der Bewegungsrichtung kürzer, obwohl er von sich aus betrachtet (das heißt für einen Beobachter, der sich mit ihm bewegt) seine Form nicht ändert. Noch erstaunlicher war die Entdeckung, daß die Geschwindigkeit, mit der die Zeit verstreicht, von der Bewegung abhängt; das bedeutet, daß zwei ganz genau gehende Uhren, von denen sich die eine relativ zur anderen sehr schnell bewegt, nicht dieselbe Zeit anzeigen, wenn sie nach einer Reise wieder zusammentreffen. Dieser Effekt ist zu gering, als daß man ihn bisher hätte testen können, aber das sollte möglich sein, wenn es uns je gelingt, die Raumfahrt weiterzuentwickeln; denn dann werden wir imstande sein, Reisen zu unternehmen, die so lang dauern, daß diese sogenannte ›Zeitdilatation‹ ein beträchtliches Ausmaß erreicht.

Es gibt auch einen direkten Hinweis auf die Zeitdilatation, aber man findet ihn auf eine andere Art. Man erhält ihn durch die Beobachtung kosmischer Strahlen, die aus einer großen Zahl verschiedener atomarer Teilchen bestehen, die aus dem äußeren Weltraum kommen und sich sehr schnell durch die Erdatmosphäre bewegen. Einige dieser Teilchen, Mesonen genannt, zerfallen während des Flugs, und dieser Zerfall läßt sich beobachten. Man hat festgestellt, daß ein Meson, von einem Wissenschaftler auf der Erde aus betrachtet, um so langsamer zerfällt, je schneller es fliegt. Aus Ergebnissen dieser Art folgt, daß die Entdeckungen mit Hilfe von Uhren und Maßstäben, die man als den Gipfel objektiver Wissenschaft zu betrachten gewohnt war, in Wirklichkeit teilweise von unseren persönlichen Verhältnissen abhängen, das heißt von der Art, in der wir uns relativ zu den untersuchten Körpern bewegen.

Es zeigt sich also, daß wir die Trennungslinie zwischen dem, was zum Beobachter, und dem, was zu dem Vorgang, den er beobachtet, gehört, an einer anderen als der herkömmlichen Stelle ziehen müssen. Wenn jemand eine Brille mit blauen Gläsern trägt, weiß er, daß die blaue Farbe aller Dinge von seinen Brillengläsern kommt und nicht den Gegenständen, die er sieht, selbst eigen ist. Doch wenn er zwei Blitze sieht und sich den zeitlichen Abstand zwischen diesen Beobachtungen notiert und wenn er die Orte kennt, an denen es geblitzt hat, und in beiden Fällen die Zeit berücksichtigt, die das Licht bis zu ihm braucht – dann denkt er natürlich, vorausgesetzt seine Uhr geht genau, daß er den tatsächlichen Zeitabstand zwischen den beiden Blitzen ermittelt und nicht nur irgend etwas, nur für ihn persönlich Gültiges gefunden hat. Er wird in dieser Ansicht durch die Tatsache bestärkt, daß alle anderen sorgfältigen Beobachter, die für ihn erreichbar sind, seiner Berechnung zustimmen. Das beruht jedoch allein darauf, daß sich alle diese Beobachter auf der Erde befinden und deren Bewegung mitmachen. Sogar zwei

Beobachter in Flugzeugen, die sich in entgegengesetzte Richtungen bewegen, hätten höchstens eine relative Geschwindigkeit von 5000 km in der Stunde, was sehr wenig ist im Vergleich zu 300 000 km in der Sekunde (der Lichtgeschwindigkeit). Wenn ein Elektron, das eine Geschwindigkeit von 270 000 km pro Sekunde hat, die Zeitspanne zwischen den beiden Blitzen wahrnehmen könnte, käme es, auch wenn es die Geschwindigkeit des Lichts voll berücksichtigte, zu einem völlig anderen Ergebnis. Woher wissen Sie das, könnte der Leser fragen. Sie sind kein Elektron, Sie können sich nicht mit diesen riesigen Geschwindigkeiten bewegen, kein Mann der Wissenschaft hat je Beobachtungen gemacht, die die Richtigkeit Ihrer Behauptung beweisen könnten. Trotzdem gibt es, wie wir im Folgenden sehen werden, gute Gründe für diese Behauptung – vor allem Gründe, die das Experiment liefert, aber auch, was besonders bemerkenswert ist, Gründe, die Überlegungen entstammen, welche man schon immer hätte anstellen können, auf die man aber erst kam, als Experimente gezeigt hatten, daß die alten Überlegungen falsch gewesen sein mußten.

Die Relativitätstheorie beruft sich auf ein allgemeines Prinzip, dessen Tragweite größer ist als irgend jemand geglaubt hätte. Wenn man weiß, daß ein Mann doppelt so reich wie ein anderer ist, so muß diese Tatsache sich in gleicher Weise zeigen, ob man nun das Vermögen der beiden in Pfund, Dollar, Franc oder einer anderen Währung angibt. Die Zahlen, die ihr Vermögen ausdrücken, ändern sich zwar, aber die eine ist immer das Doppelte der anderen. Dieselbe Erscheinung, wenn auch in einer komplizierteren Form, taucht auch in der Physik auf. Da alle Bewegung relativ ist, kann man jeden beliebigen Körper als Bezugsobjekt nehmen und alle anderen Bewegungen auf ihn beziehen. Wenn sich jemand in einem Zug befindet und auf dem Weg zum Speisewagen ist, dann wird er in diesem Augenblick natürlich den Zug als ruhend betrachten und seine Bewegung relativ zu ihm berechnen. Aber wenn er an die Reise denkt, die er gerade macht, stellt er sich die Erde als ruhend vor und sagt, er bewege sich mit einer Geschwindigkeit von 100 km pro Stunde. Für einen Astronomen, der sich mit dem Sonnensystem beschäftigt, steht die Sonne still, während sich der Reisende mit der Erde um deren Achse und um die Sonne dreht; im Vergleich mit dieser Bewegung ist die des Zugs so langsam, daß sie kaum zählt. Ein Astronom, der sich für die Welt der Fixsterne interessiert, wird die Bewegung hinzunehmen, die die Sonne im Mittel relativ zu den übrigen Fixsternen ausführt. Man kann nicht sagen, daß eine dieser Arten, die Bewegung des Reisenden zu berechnen, richtiger ist als eine andere; jede ist völlig richtig, sofern das Bezugsobjekt angegeben wird. Genauso wie man nun das Vermögen eines Mannes in verschiedenen Währungen ausdrücken kann, ohne das Verhältnis zum Vermögen anderer Leute zu verändern, so läßt sich auch die Bewegung eines Körpers relativ zu verschiedenen Bezugsobjekten angeben, ohne die Relationen zu anderen Bewegungen zu verändern. Und da die Physik sich immer mit Relationen beschäftigt, muß es möglich sein, alle Gesetze der Physik auszudrücken, indem man alle Bewegungen auf irgendeinen gegebenen Körper bezieht.

Wir können die Sache auch noch anders ausdrücken. Die Physik soll Auskunft geben über das, was wirklich in der physikalischen Welt geschieht, und nicht nur über die persönlichen Wahrnehmungen einzelner Beobachter. Die Physik muß sich daher mit denjenigen Merkmalen eines physikalischen Prozesses beschäftigen, die er für alle Beobachter gemeinsam hat, da nur diese Merkmale als zum physikalischen Vorgang selbst gehörig betrachtet werden können. Das macht es erforderlich, daß die Gesetze, die man über die Phänomene formuliert, gleichbleiben, ob nun die Phänomene so beschrieben werden, wie sie dem einen oder wie sie dem anderen Beobachter erscheinen. Aus diesem einen Prinzip ist die ganze Relativitätstheorie entwickelt worden.

Das, was wir bisher als räumliche und zeitliche Eigenschaften der physikalischen Vorgänge betrachtet haben, hängt nun, wie sich herausgestellt hat, zu einem wesentlichen Teil vom Beobachter ab. Nur ein Rest läßt sich den Vorgängen selbst zuschreiben, und nur dieser Rest kann einbezogen werden in die Formulierung eines physikalischen Gesetzes, das überhaupt eine Chance haben soll, richtig zu sein. Für Einstein lag nun ein Instrument aus der reinen Mathematik bereit, nämlich die Tensortheorie, die es ihm ermöglichte, Gesetze zu finden, die sich in den Begriffen des objektiven Rests ausdrücken ließen und näherungsweise mit den alten Gesetzen übereinstimmten. Wo Einsteins Gesetze von den herkömmlichen abwichen, hat sich seither gezeigt, daß sie eher als diese in Einklang mit den Beobachtungen stehen.

Wenn es in der physikalischen Welt keine Realität gäbe, sondern nur eine Reihe von Träumen, geträumt von verschiedenen Menschen, dann würden wir nicht erwarten, Gesetze zu finden, die die Träume des einen Menschen mit denen des anderen verbinden. Gerade die enge Verbindung zwischen den Wahrnehmungen des einen Menschen und den (ungefähr) gleichzeitigen Wahrnehmungen eines anderen lassen uns glauben, daß die verschiedenen entsprechenden Wahrnehmungen einen gemeinsamen Ursprung außerhalb von uns selbst haben. Die Physik erklärt sowohl die Übereinstimmungen als auch die Unterschiede zwischen dem, was verschiedene Personen von einem Vorgang wahrnehmen, den wir als ›denselben‹ bezeichnen. Um dazu im Stande zu sein, muß der Physiker zuvor herausfinden, welches nun eigentlich die Übereinstimmungen sind. Es sind nicht ganz dieselben wie bisher angenommen, weil weder Raum noch Zeit für sich genommen als ganz objektiv betrachtet werden können. Wirklich objektiv ist eine Art von Mischung aus den beiden, die ›Raum-Zeit-Kontinuum‹ genannt wird. Es ist nicht leicht, das zu erklären, aber der Versuch muß gemacht werden. Ich werde im nächsten Kapitel damit beginnen.

3. Kapitel

Die Lichtgeschwindigkeit

Die meisten Merkwürdigkeiten in der Relativitätstheorie hängen mit der Geschwindigkeit des Lichts zusammen. Wenn der Leser die Gründe für solch eine schwerwiegende Änderung der theoretischen Grundvorstellungen begreifen soll, muß er eine gewisse Kenntnis der Tatsachen haben, die das alte System zusammenbrechen ließen.

Die Tatsache, daß sich Licht mit einer bestimmten Geschwindigkeit fortpflanzt, wurde zuerst durch astronomische Beobachtungen festgestellt. Die Jupitermonde werden zu gewissen Zeiten von Jupiter verdeckt, und es ist leicht, die Zeiten zu berechnen, zu denen dieses Ereignis eintreten sollte. Man entdeckte, daß dann, wenn Jupiter ungewöhnlich nahe an der Erde war, die Verfinsterung eines seiner Monde einige Minuten früher als erwartet beobachtet wurde, und wenn Jupiter außergewöhnlich entfernt war, einige Minuten später als erwartet. Man stellte fest, daß all diese Abweichungen erklärt werden konnten, wenn man annahm, daß Licht eine gewisse Geschwindigkeit hat, so daß ein Ereignis, das wir gerade am Jupiter beobachten, in Wirklichkeit eine kurze Zeit früher stattfand, um so früher, je weiter Jupiter entfernt ist. Man fand, daß eben diese Geschwindigkeit des Lichts ähnliche Phänomene in anderen Teilen des Sonnensystems erklären konnte. Es setzte sich deshalb die Ansicht durch, daß sich Licht im Vakuum immer mit einer bestimmten festen Geschwindigkeit bewegt, nämlich mit fast genau 300 000 Kilometern pro Sekunde. Als es feststand, daß Licht aus Wellen besteht, mußte diese Geschwindigkeit also die Ausbreitungsgeschwindigkeit von Wellen im Äther sein – wenigstens nannte man es früher so, jetzt dagegen ist der Begriff des Äthers ein wenig nebelhaft geworden, obwohl die Wellen geblieben sind. Dieselbe Geschwindigkeit haben die Radiowellen (die das Gleiche wie Lichtwellen sind, nur von größerer Wellenlänge) und die Röntgenstrahlen (die das Gleiche wie Lichtwellen sind, nur von kürzerer Wellenlänge). Man nimmt heute allgemein an, daß sich auch die Gravitation mit dieser Geschwindigkeit ausbreitet (vor Entdeckung der Relativitätstheorie dachte man, die Gravitation breite sich mit unendlicher Geschwindigkeit aus, aber diese Anschauung ist heute unhaltbar).

So weit geht alles ganz glatt. Aber als genauere Messungen möglich wurden, begannen sich die Schwierigkeiten zu häufen. Man sah die Lichtwellen als Wellenbewegung im Äther an, also sollte sich ihre Geschwindigkeit auf den Äther beziehen. Da nun der Äther (falls er existiert) den Bewegungen der Himmelskörper offensichtlich keinen Widerstand entgegensetzt, erschiene die Annahme natürlich, daß er ihre Bewegung nicht teilt. Wenn die Erde eine Menge Äther vor sich herschieben müßte, so wie ein Dampfer Wasser vor sich herschiebt, würde man einen Widerstand des Äthers erwarten, analog dem, den das Wasser dem Dampfer entgegensetzt. Deshalb war die allgemeine Anschauung die, daß der Äther durch Körper ohne Schwierigkeit hindurchfließen könne, wie Luft durch ein grobes Sieb, nur noch viel leichter. Wenn das der Fall wäre, dann müßte die Erde irgendwo auf ihrer Bahn eine Geschwindigkeit relativ zum Äther haben. Wenn sie an einem Punkt ihrer Bahn sich gerade genau mit dem Äther bewegte, müßte sie sich an anderen Punkten um so schneller durch ihn hindurchbewegen. Wenn man an einem windigen Tag im Kreis herumgeht, hat man auf einem Teil des Wegs Gegenwind, ganz gleich woher der Wind weht; in unserem Fall verhält es sich prinzipiell genauso. Daraus folgt: Wenn man zwei Tage im Abstand von 6 Monaten wählt, an denen sich die Erde auf ihrer Bahn genau in entgegengesetzten Richtungen bewegt, so muß sie sich wenigstens an einem dieser Tage gegen einen ›Ätherwind‹ bewegen.

Wenn nun ein Ätherwind vorhanden ist, so ist es klar, daß sich relativ zu einem irdischen Beobachter Lichtsignale mit dem Wind schneller fortzupflanzen scheinen als quer dazu, und schneller quer dazu als gegen den Wind. Gerade das wollten Michelson und Morley mit ihren berühmten Experimenten testen. Sie sandten Lichtsignale in zwei zueinander senkrechte Richtungen aus; jedes wurde von einem Spiegel reflektiert und kam zum Ausgangspunkt zurück. Jeder kann nun bestätigen, entweder durch einen Versuch oder eine einfache Rechnung, daß es länger dauert, eine gegebene Strecke auf einem Fluß stromaufwärts und zurück zu rudern, als die gleiche Strecke quer zum Strom und zurück. Deshalb sollte, wenn es einen Ätherwind gäbe, eines der beiden Lichtsignale, die aus Ätherwellen bestehen, mit einer geringeren mittleren Geschwindigkeit zum Spiegel und zurück laufen als das andere. Michelson und Morley führten das Experiment durch, sie versuchten es in verschiedener räumlicher Anordnung, und sie wiederholten es später. Ihre Versuchsanordnung war durchaus genau genug, um die erwartete oder sogar eine viel geringere Geschwindigkeitsdifferenz zu entdecken, falls sie vorhanden gewesen wäre, aber nicht die geringste Differenz konnte festgestellt werden. Das Ergebnis war überraschend für sie wie für alle anderen; aber sorgfältige Wiederholungen machten jeden Zweifel unmöglich. Das Experiment wurde zum erstenmal schon im Jahr 1881 durchgeführt und 1887 mit größerem Aufwand wiederholt. Aber es dauerte viele Jahre, bis man es richtig interpretieren konnte.

Die Vermutung, daß die Erde den Äther in ihrer Umgebung mit sich bewegt, erwies sich aus einer Reihe von Gründen als unhaltbar. Folglich schien man in eine logische Zwickmühle geraten zu sein, aus der sich die Physiker zunächst mit sehr willkürlichen Hypothesen zu befreien suchten. Die wichtigste von ihnen stammte von Fitzgerald, wurde von Lorentz weiterentwickelt und ist als die Fitzgeraldsche Kontraktionshypothese bekannt. Nach dieser Hypothese wird ein Körper, wenn er sich bewegt, in Bewegungsrichtung in einem bestimmten Verhältnis verkürzt, das von seiner Geschwindigkeit abhängt. Das Ausmaß der Verkürzung wäre gerade ausreichend, um den negativen Ausgang des Michelson-Morley-Experiments zu erklären. Der Weg stromaufwärts und wieder abwärts wäre danach wirklich kürzer als der Weg quer zum Strom, und zwar gerade um soviel, daß die langsamere Lichtwelle ihn in der gleichen Zeit durchlaufen könnte. Natürlich ließe sich diese Verkürzung niemals durch Messung feststellen, weil unsere Maßstäbe genauso verkürzt wären. Ein Maßstab, der in Richtung der Erdbewegung liegt, wäre kürzer als der gleiche Maßstab, der im rechten Winkel zu ihr liegt. Dieser Standpunkt erinnert sehr stark an die Methode des weißen Springers*, »den Schnurrbart grün zu färben und immer einen so großen Fächer zu benützen, daß man ihn nicht sehen kann«. Das Seltsame war nur, daß die Methode ganz gut funktionierte. Später, als Einstein seine Spezielle Relativitätstheorie vorlegte (1905), bemerkte man, daß die Hypothese in gewissem Sinn richtig war, aber eben nur in gewissem Sinn. Das heißt, die angenommene Kontraktion ist kein physikalischer Tatbestand, sondern eine Folge gewisser Konventionen über das Messen, die man als fast zwingend erkennt, wenn einmal der richtige physikalische Standpunkt gefunden ist. Aber ich möchte noch nicht Einsteins Lösung des Rätsels präsentieren. Im Augenblick will ich das Wesen des Rätsels selbst klarmachen.

Zunächst – und abgesehen von ad-hoc-Hypothesen – zeigte das Michelson-Morley-Experiment (in Verbindung mit anderen), daß die Geschwindigkeit des Lichts relativ zur Erde in allen Richtungen gleich ist und daß das in gleicher Weise für alle Zeiten des Jahres gilt, obwohl sich die Richtung der Erdbewegung während des Umlaufs um die Sonne ständig ändert. Darüber hinaus schien das nicht eine Besonderheit der Erde zu sein, sondern für alle Körper zu gelten: Wenn ein Lichtsignal

* Figur aus Lewis Carrolls *Through the Looking-glass.*

von einem Körper ausgesandt wird, bleibt dieser Körper im Mittelpunkt der Wellen, während sie von ihm weglaufen – ganz gleich, wie er sich bewegt –, jedenfalls sieht es so ein Beobachter, der sich mit dem Körper bewegt. Das war die schlichte und natürliche Aussage der Experimente, und Einstein gelang es, eine Theorie zu erfinden, die das berücksichtigte. Aber zunächst dachte man, es sei logisch unmöglich, diese schlichte und natürliche Aussage zu akzeptieren.

Einige Beispiele sollen illustrieren, wie seltsam der Tatbestand ist. Wenn eine Granate abgefeuert wird, bewegt sie sich schneller als der Schall: Die Leute, auf die sie abgeschossen wird, sehen erst das Mündungsfeuer, dann sehen sie (wenn sie Glück haben) die Granate vorbeifliegen, und zuletzt hören sie den Knall. Es ist klar, daß ein wissenschaftlicher Beobachter, wenn man ihn auf die Granate setzen könnte, niemals den Knall hören würde, da die Granate explodieren und ihn töten würde, bevor der Schall ihn überholt hätte. Aber wenn Schall nach den gleichen Gesetzen funktionierte wie Licht, würde unser Beobachter alles hören, genau wie wenn er in Ruhe wäre. Wenn in diesem Fall ein Schirm, dazu geeignet, Echos zurückzuwerfen, an der Granate befestigt wäre und sich mit ihr bewegen würde, sagen wir 100 Meter vor ihr, so würde unser Beobachter das Echo des Knalls, das vom Schirm zurückgeworfen wird, nach genau der gleichen Zeit hören, wie wenn er und die Granate in Ruhe wären. Das ist natürlich ein undurchführbares Experiment, aber andere, durchführbare Experimente zeigen den Unterschied. Wir könnten einen Punkt an einer Eisenbahnlinie finden, wo ein Echo von einer anderen Stelle an der Strecke zu hören ist – zum Beispiel von einem Punkt, wo die Bahnlinie in einen Tunnel führt –, und wenn ein Zug die Strecke entlangfährt, lassen wir einen Mann am Bahndamm ein Gewehr abfeuern. Wenn der Zug auf das Echo zufährt, werden die Fahrgäste das Echo früher hören als der Mann am Bahndamm; wenn der Zug in umgekehrter Richtung fährt, werden sie es später hören. Aber das sind nicht ganz die gleichen Verhältnisse wie beim Michelson-Morley-Experiment. Die Spiegel in diesem Experiment entsprechen der Echowand, und die Spiegel bewegen sich mit der Erde, also sollte sich auch die Echowand mit dem Zug bewegen. Nehmen wir an, daß der Schuß vom letzten Wagen aus abgefeuert wird und daß das Echo von einem Schirm an der Lokomotive kommt. Wir wollen annehmen, daß die Entfernung vom letzten Wagen zur Lokomotive gerade die Strecke ist, die der Schall in einer Sekunde zurücklegt (etwa 300 m), und die Geschwindigkeit des Zugs ein Zwölftel der Schallgeschwindigkeit ist (etwa 100 km/h). Jetzt haben wir ein Experiment, das von den Leuten im Zug ausgeführt werden kann. Wenn der Zug stehen würde, würde der Zugführer im letzten Wagen das Echo nach zwei Sekunden hören; in Wirklichkeit wird er es nach $2\,^{2}/_{143}$ Sekunden hören. Falls er die Schallgeschwindigkeit kennt, kann er aus dieser Differenz die Geschwindigkeit des Zugs berechnen, selbst wenn es eine neblige Nacht ist, so daß er den Bahndamm nicht sehen kann. Aber wenn Schall sich wie Licht verhielte, würde er das Echo nach zwei Sekunden hören, ganz gleich, wie schnell der Zug fährt.

Verschiedene andere Beispiele werden helfen klarzumachen, wie außergewöhnlich es sich – vom Standpunkt der Tradition und des gesunden Menschenverstands – mit der Lichtgeschwindigkeit verhält. Jedermann weiß, daß man bei einer Rolltreppe, wenn man auf ihr aufwärts geht, früher oben ankommt, als wenn man sich im Stand befördern läßt. Aber wenn die Rolltreppe Lichtgeschwindigkeit hätte (was es nicht einmal in New York gibt), würde man das obere Ende, ob man nun geht oder steht, genau im gleichen Augenblick erreichen. Ebenso: Geht jemand eine Straße mit sieben Kilometern pro Stunde entlang und wird von einem Auto mit siebzig Stundenkilometern überholt, so wird die Entfernung nach einer Stunde – falls er selbst und das Auto das Tempo halten – 63 Kilometer betragen. Begegnete ihm aber das Auto in der entgegengesetzten Richtung, würde die Entfernung nach einer Stunde 77 Kilometer betragen. Führe nun aber das Auto mit Lichtgeschwindigkeit, so wäre es gleich, ob es ihm begegnete oder ihn überholte: Die Entfernung betrüge in jedem Fall nach einer Sekunde 300 000 km. Es wäre auch 300 000 km von jedem anderen Auto entfernt, das dem Mann gerade vor einer Sekunde mit geringerer Geschwindigkeit begegnet wäre oder ihn überholt hätte. Das scheint unmöglich: Wie kann das Auto die gleiche Entfernung von mehreren verschiedenen Punkten an der Straße haben?

Nehmen wir ein anderes Beispiel. Berührt eine Fliege die Oberfläche eines ruhigen Teichs, erzeugt sie Wellen, die in wachsenden Kreisen nach außen laufen. Der Mittelpunkt des Kreises ist in jedem Moment der Punkt des Teichs, den die Fliege berührt hat. Bewegt sich die Fliege über die Oberfläche des Teichs hin, bleibt sie nicht im Zentrum der Wellen. Aber wären die Wellen Lichtwellen und die Fliege ein erfahrener Physiker, würde sie feststellen, daß sie – ganz gleich, wie sie sich bewegt – immer im Zentrum der Wellen bleibt. Dagegen würde ein Physiker, der am Ufer des Teichs sitzt, urteilen, daß – wie im Fall gewöhnlicher Wellen – das Zentrum nicht die Fliege, sondern der Punkt ist, den die Fliege berührt hat. Und hätte eine andere Fliege das Wasser am gleichen Fleck im gleichen Moment berührt, würde sie ebenfalls finden, daß sie im Wellenzentrum bleibt, auch wenn sie sich weit von der ersten Fliege entfernt. Das ist genau analog zum Michelson-Morley-Experiment. Der Teich entspricht dem Äther, die Fliege der Erde, die Berührung zwischen Fliege und Teich dem Lichtsignal, das die Herren Michelson und Morley ausgesandt haben, und die Wasserwellen entsprechen den Lichtwellen.

Solch ein Sachverhalt scheint auf den ersten Blick völlig unmöglich. Es ist kein Wunder, daß man das Michelson-Morley-Experiment – obwohl es schon 1881 durchgeführt wurde – bis 1905 nicht richtig interpretierte. Wir wollen uns überlegen, was wir nun eigentlich genau gesagt haben. Nehmen wir den Mann, der die Straße entlang geht und von einem Auto überholt wird. Angenommen, eine Anzahl von Leuten befindet sich an der gleichen Stelle der Straße, ein Teil zu Fuß, der andere in Autos;

angenommen, die Leute bewegen sich mit verschiedenen Geschwindigkeiten, einige in diese, einige in jene Richtung. Ich behaupte folgendes: Wird in diesem Augenblick ein Lichtblitz von dem Punkt ausgesandt, an dem sie sich alle befinden, so werden die Lichtwellen 300 000 Kilometer von jedem von ihnen entfernt sein, nachdem auf ihrer Uhr eine Sekunde vergangen ist, obwohl die Leute sich nicht mehr alle am gleichen Ort befinden. Nach Ablauf einer Sekunde auf Ihrer Uhr werden sie 300 000 Kilometer von Ihnen entfernt sein; ebenso werden Sie auch von einer Person, die Ihnen im Augenblick des Lichtblitzes begegnet ist, sich aber in entgegengesetzter Richtung bewegte, nach einer Sekunde auf deren Uhr 300 000 Kilometer entfernt sein – vorausgesetzt beide Uhren sind fehlerfrei. Wie kann das sein?

Es gibt nur einen Weg, solche Sachverhalte zu erklären, nämlich die Annahme, daß Uhren aller Art durch die Bewegung beeinflußt werden. Ich meine nicht einen Einfluß von der Art, daß er durch größere Sorgfalt der Konstruktion vermieden werden könnte; ich meine etwas viel Grundlegenderes. Ich meine folgendes: Wenn Sie sagen, eine Stunde sei zwischen zwei Ereignissen verstrichen, und wenn Sie diese Behauptung auf ideal sorgfältige Messungen mit ideal genauen Uhren stützen, so kann doch ein anderer, der ebenso sorgfältig ist, sich aber relativ zu Ihnen schnell bewegt hat, zu dem Urteil kommen, daß die Zeitspanne länger oder kürzer als eine Stunde war. Man kann nicht sagen, daß der eine recht und der andere unrecht hat, genausowenig, wie man es sagen kann, wenn der eine seine Uhr nach Greenwich-Zeit und der andere nach New Yorker Zeit stellt. Wie das zustande kommt, will ich im nächsten Kapitel erklären.

Es gibt andere seltsame Dinge im Zusammenhang mit der Lichtgeschwindigkeit. Eines ist die Tatsache, daß kein materieller Körper sich so schnell wie Licht bewegen kann, wie groß auch die Kraft sein mag, die auf ihn einwirkt, und wie lange sie auch wirkt. Auf Ausstellungen sieht man manchmal eine Reihe sich bewegender Plattformen, die sich immerzu im Kreis um eine gemeinsame Achse drehen. Die äußerste bewegt sich mit sechs Kilometer pro Stunde, die nächste läuft sechs Kilometer schneller, und so fort. Man kann von einer auf die andere steigen, bis man ein ungeheures Tempo hat. Nun könnte man denken: Wenn sich die erste Plattform mit sechs Stundenkilometern dreht und die zweite mit sechs Kilometern relativ zur ersten, dann läuft die zweite relativ zum Boden mit zwölf Kilometern pro Stunde. Das ist ein Irrtum: Sie läuft ein bißchen langsamer, wenn auch so wenig, daß auch die allersorgfältigsten Messungen die Differenz nicht entdecken könnten. Ich will ganz klarmachen, was ich meine: Angenommen am Morgen, wenn der Apparat gerade startet, stehen drei Männer in einer Reihe, einer auf dem Boden, einer auf der ersten Plattform und einer auf der zweiten. Die erste Plattform bewegt sich mit sechs Kilometern pro Stunde, bezogen auf den Boden. Sechs Kilometer pro Stunde sind hundert Meter in einer Minute. Der Mann auf dem Boden notiert sich, nachdem eine Minute auf seiner Uhr vergangen ist, die Stelle am Boden, die dem Mann auf der ersten Plattform gegenüberliegt, der stehen geblieben ist, während die Plattform ihn mitnahm. Der Mann am Boden mißt die Entfernung am Boden von sich zu dem Punkt gegenüber dem Mann auf der ersten Plattform und stellt fest, daß es hundert Meter sind. Der Mann auf der ersten Plattform notiert sich, nachdem eine Minute auf seiner Uhr vergangen ist, die Stelle auf seiner Plattform, die dem Mann auf der zweiten Plattform gegenüberliegt. Der Mann auf der ersten Plattform mißt die Entfernung von sich zu dem Punkt gegenüber dem Mann auf der zweiten Plattform; es sind wieder hundert Meter. Problem: Wie weit wird sich nach dem Urteil des Mannes auf dem Boden der Mann auf der zweiten Plattform in einer Minute bewegt haben? Das heißt: Wenn der Mann auf dem Boden, nachdem eine Minute auf seiner Uhr vergangen ist, sich die Stelle am Boden notiert, die dem Mann auf der zweiten Plattform gegenüberliegt, wie weit wird das von ihm entfernt sein? Sie würden sagen, zweimal hundert Meter, das sind zweihundert Meter. Aber in Wirklichkeit wird es etwas weniger sein, wenn auch um einen so geringen Betrag, daß es keine Rolle spielt. Die Diskrepanz kommt daher, daß die beiden Uhren nicht genau gleich schnell gehen, obwohl jede vom Standpunkt ihres Besitzers aus genau ist. Wenn man eine lange Reihe von solchen bewegten Plattformen hätte, jede mit einer Geschwindigkeit von sechs Kilometern pro Stunde relativ zur vorigen, so würde man doch nie einen Punkt erreichen, an dem die letzte sich mit Lichtgeschwindigkeit relativ zum Boden bewegt, selbst wenn man Millionen solcher Plattformen hätte. Die Diskrepanz, die für kleine Geschwindigkeiten sehr klein ist, wird größer mit wachsender Geschwindigkeit, und macht die Lichtgeschwindigkeit zu einer unerreichbaren Grenze. Wie das alles kommt, das ist der nächste Punkt, den wir behandeln müssen.

4. *Kapitel*

Uhren und Maßstäbe

Bevor die Spezielle Relativitätstheorie erfunden wurde, wäre niemand auf die Idee gekommen, die Aussage, daß zwei Ereignisse an verschiedenen Orten zur selben Zeit stattfinden, könne mehrdeutig sein. Man hätte zugegeben, daß es schwierig sein könnte, genau festzustellen, ob Ereignisse an weit auseinanderliegenden Orten wirklich gleichzeitig stattgefunden haben, aber jeder meinte, die Bedeutung der Frage selbst sei klar. Es stellte sich jedoch heraus, daß das ein Irrtum war. Zwei Ereignisse an entfernten Orten können einem Beobachter, der alle für eine hinreichende Genauigkeit nötigen Maßnahmen getroffen hat (und insbesondere die Lichtgeschwindigkeit berücksichtigt), als gleichzeitig erscheinen, während ein anderer ebenso sorgfältiger Beobachter zu dem Urteil kommt, das erste Ereignis habe vor dem zweiten stattgefunden, und noch ein anderer der Auffassung sein kann, das zweite sei vor dem ersten geschehen. Das wäre dann der Fall, wenn alle drei Beobachter sich sehr schnell relativ zueinander bewegten. Es wäre nicht so, daß der eine von ihnen recht und die anderen beiden unrecht hätten: alle drei hätten vielmehr gleich recht. Die zeitliche Aufeinanderfolge von Ereignissen hängt zum Teil vom Beobachter ab; sie ist nicht in jedem Fall und in vollem Umfang eine Relation zwischen den Ereignissen selbst. Einstein hat nicht nur gezeigt, daß diese Betrachtungsweise die Phänomene erklärt, sondern auch, daß man zu ihr schon durch sorgfältige Überlegungen auf der Basis der früher bekannten Daten hätte kommen müssen. Tatsächlich sah jedoch keiner das logische Fundament der Relativitätstheorie, bevor nicht die merkwürdigen experimentellen Ergebnisse dem Verstand der Leute einen Stoß versetzt hatten.

Wie würden wir wohl normalerweise entscheiden, ob zwei Ereignisse an verschiedenen Orten gleichzeitig geschehen sind? Natürlich würde man antworten: Sie sind gleichzeitig geschehen, wenn eine Person, die sich genau in der Mitte zwischen beiden Orten befindet, sie gleichzeitig sieht. (Die Gleichzeitigkeit zweier Ereignisse am *selben* Ort, zum Beispiel, wenn man ein Licht sieht und ein Geräusch dabei hört, bietet keine Schwierigkeit.) Angenommen, zwei Blitze schlagen an zwei verschiedenen Orten ein, sagen wir in dem Observatorium von Greenwich und in dem Observatorium von Kew. Angenommen, die St.-Pauls-Kathedrale liegt genau in der Mitte zwischen beiden Orten und die Blitze erscheinen für einen Beobachter in der Kuppel der Kathedrale gleichzeitig. In diesem Fall wird ein Mann in Kew zuerst den Blitz von Kew sehen, und ein Mann in Greenwich wird zuerst den Blitz von Greenwich sehen: Der Grund liegt in der Zeit, die das Licht braucht, um die dazwischenliegende Strecke zurückzulegen. Aber wenn alle drei ideal genaue Beobachter sind, werden sie zu dem Ergebnis kommen, daß die beiden Blitze gleichzeitig waren, weil sie die Ausbreitungsgeschwindigkeit des Lichts entsprechend berücksichtigen werden. (Dabei setze ich einen Grad der Genauigkeit voraus, der weit jenseits des Menschenmöglichen liegt.) Wenn es um Beobachter auf der Erde geht, wird sich diese Definition der Gleichzeitigkeit gut bewähren, solange wir uns mit Ereignissen auf der Erdoberfläche beschäftigen. Sie liefert Ergebnisse, die miteinander konsistent und bei allen den Problemen der irdischen Physik anwendbar sind, bei denen wir die Tatsache, daß die Erde sich bewegt, ignorieren können.

Unsere Definition ist jedoch nicht mehr so befriedigend, wenn es sich um zwei Gruppen von Beobachtern handelt, die sich in schneller Bewegung relativ zueinander befinden. Wir wollen einmal sehen, was geschieht, falls wir Licht durch Schall ersetzen und zwei Vorgänge als gleichzeitig definieren, wenn sie von einem Mann in der Mitte zwischen ihnen gleichzeitig gehört werden. Damit wird nichts im Prinzip geändert, aber es macht die Sache wegen der viel geringeren Geschwindigkeit des Schalls leichter verständlich. Nehmen wir an, daß in einer nebligen Nacht zwei Männer, die zu einer Verbrecherbande gehören, den Zugführer und den Lokführer eines Zuges erschießen. Der Zugführer befindet sich am Ende des Zuges; die Gangster stehen an der Strecke und erschießen ihre Opfer aus nächster Nähe. Ein alter Herr, der sich genau in der Mitte des Zuges befindet, hört die beiden Schüsse gleichzeitig. Man würde daher sagen, die beiden Schüsse seien gleichzeitig abgegeben worden. Ein Stationsvorsteher jedoch, der sich genau in der Mitte zwischen den beiden Gangstern befindet, hört zuerst den Schuß, der den Zugführer tötet. Ein Onkel des Zugführers und des Lokführers (die Vettern sind), ein australischer Millionär, hat sein gesamtes Vermögen dem Zugführer hinterlassen, oder aber dem Lokführer, falls dieser zuerst sterben sollte. Bei der Frage, welcher der beiden zuerst gestorben ist, geht es um riesige Summen. Der Fall kommt vor das Oberhaus, und die Anwälte beider Parteien, die alle in Oxford studiert haben, sind sich einig, daß sich entweder der alte Herr oder der Stationsvorsteher geirrt haben muß. Tatsächlich können aber sehr wohl beide recht haben. Der Zug entfernt sich von dem Schuß auf den Zugführer und fährt dem Schuß auf den Lokführer entgegen; deshalb muß der Knall des ersten Schusses eine größere Strecke bis zu dem alten Herrn zurücklegen als der Knall des zweiten. Wenn also der alte Herr recht hat mit seiner Behauptung, er habe die beiden Schüsse gleichzeitig gehört, muß auch der Stationsvorsteher recht haben, wenn er sagt, daß er den Schuß auf den Zugführer zuerst gehört hat.

Wir, die wir auf der Erde leben, würden natürlich in einem solchen Fall den Begriff von Gleichzeitigkeit, den jemand hat, der sich in Ruhe auf der Erde befindet, dem eines Reisenden im Zug vorziehen. Aber in der theoretischen Physik sind solche naiven Vorurteile nicht erlaubt. Ein Physiker auf einem Kometen – wenn es das gäbe – hätte ein ebenso gutes Recht auf seinen Begriff von Gleichzeitigkeit wie ein irdischer Physiker auf den seinen, aber die Ergebnisse unterschieden sich in der gleichen Weise wie in unserem Beispiel vom Zug und den Schüssen. Die Bewegung des Zuges ist keineswegs ›wirklicher‹ als die der Erde. Ein ›wirklich‹ oder ›unwirklich‹ gibt es hier nicht. Man stelle sich vor, ein Kaninchen und ein Nilpferd stritten sich über die Frage, ob der Mensch ›wirklich‹ ein großes Tier sei; jedes hielte seinen eigenen Standpunkt für den natürlichen und den des anderen für eine reine Ausgeburt der Phantasie. Ebenso müßig ist der Streit, ob sich die Erde oder aber der Zug ›wirklich‹ bewegen. Wir haben deshalb, wenn wir die Gleichzeitigkeit zweier räumlich getrennter Ereignisse definieren, kein Recht, unter verschiedenen Bezugskörpern, die man zur Festlegung des Punktes in der Mitte zwischen ihnen benutzen kann, willkürlich einen auszuwählen. Man kann jeden Körper mit gleichem Recht auswählen. Wenn aber für einen Bezugskörper die beiden Ereignisse gemäß der Definition gleichzeitig sind, gibt es andere Bezugskörper, für die das erste dem zweiten vorausgeht, und wieder andere, für die das zweite dem ersten vorausgeht. Wir können daher nicht eindeutig sagen, daß zwei Ereignisse an verschiedenen Orten gleichzeitig sind. Eine solche Aussage erhält erst in bezug auf einen bestimmten Beobachter eine bestimmte Bedeutung. Sie gehört zum subjektiven Teil unserer Beobachtung physikalischer Phänomene, nicht zum objektiven, der in physikalische Gesetze eingehen soll.

Von der ganzen Relativitätstheorie macht dieses Problem der Zeitbestimmung an verschiedenen Orten unserer Vorstellung vielleicht die größten Schwierigkeiten. Wir sind an den Gedanken gewöhnt, daß sich alles datieren läßt. Historiker zum Beispiel bedienen sich der Tatsache, daß am 29. August des Jahres 776 v. Chr. in China eine Sonnenfinsternis beobachtet wurde. Ohne Zweifel könnten Astronomen genau angeben, zu welcher Stunde und Minute an jedem gegebenen Ort in Nordchina die Sonnenfinsternis total zu werden begann.* Und es scheint uns auch selbstverständlich zu sein, daß wir von den Positionen der Planeten zu einem bestimmten Zeitpunkt sprechen können. Die Newtonsche Theorie ermöglicht es uns, die Entfernung zum Beispiel zwischen Erde und Jupiter zu einer bestimmten Zeit nach den Uhren von Greenwich zu berechnen; dadurch erfahren wir, wie lange das Licht zu diesem Zeitpunkt braucht, um vom Jupiter bis zur Erde zu gelangen – sagen wir, eine halbe Stunde; dies erlaubt uns den Schluß, daß Jupiter vor einer halben Stunde dort war, wo wir ihn jetzt sehen. All das scheint uns selbstverständlich. Aber tatsächlich stimmt es in der Praxis nur deswegen, weil die relativen Geschwindigkeiten der Planeten, verglichen mit der Lichtgeschwindigkeit, sehr gering sind. Wenn wir urteilen, daß ein Ereignis auf der Erde und ein Ereignis auf dem Jupiter zur gleichen Zeit geschehen sind – wenn zum Beispiel Jupiter einen seiner Monde verdeckt, während die Uhren von Greenwich auf 12 Uhr nachts zeigen –, würde jemand, der sich relativ zur Erde schnell bewegt und ebenso wie wir die Lichtgeschwindigkeit richtig berücksichtigt, zu einem anderen Urteil kommen. Und natürlich impliziert eine unterschiedliche Auffassung von Gleichzeitigkeit auch Unterschiede in der Beurteilung von Zeitspannen. Wenn wir zu der Ansicht kämen, daß zwei Ereignisse auf dem Jupiter im Abstand von 24 Stunden geschehen seien, so könnte ein anderer, wenn er sich schnell relativ zum Jupiter und zur Erde bewegt, zu dem Schluß kommen, sie seien durch eine längere Zeitspanne getrennt. Die Vorstellung einer universellen kosmischen Zeit, die früher für selbstverständlich gehalten wurde, ist also nicht mehr vertretbar. Es gibt für jeden Körper eine genaue zeitliche

* Eine zeitgenössische chinesische Ode gibt Jahr und Tag richtig an und fährt dann fort:

»Verfinstert sich der Mond,
so ist es nichts Verwunderliches.
Nun da die Sonne sich verfinstert hat,
wie schlimm ist das!«

Reihenfolge aller Ereignisse, die in seiner Nachbarschaft geschehen; wir können sie ›Eigenzeit‹ dieses Körpers nennen. Unsere eigene Erfahrung wird von der Eigenzeit unseres Körpers bestimmt. Da wir alle auf der Erde fast stillstehen, stimmen die Eigenzeiten der verschiedenen Menschen überein und können zu einer Erdzeit zusammengefaßt werden. Aber diese Zeit ist nur den *großen* Körpern auf der Erde angemessen. Für Beta-Teilchen (Elektronen) im Laboratorium wäre eine ganz andere Zeit nötig; nur weil wir darauf bestehen, unsere eigene Zeit anzuwenden, hat es den Anschein, als ob diese Teilchen bei schneller Bewegung an Masse zunehmen. Von ihnen aus gesehen, bleibt ihre Masse konstant, wogegen wir plötzlich dünn oder dick werden. Die Lebensgeschichte eines Physikers, von einem Beta-Teilchen aus gesehen, hätte große Ähnlichkeit mit Gullivers Reisen.

Es erhebt sich nun die Frage: was wird eigentlich von einer Uhr gemessen? Wenn wir in der Relativitätstheorie von einer Uhr sprechen, dann meinen wir nicht nur Uhren, die vom Menschen hergestellt worden sind: wir meinen jeden Gegenstand, der einem regelmäßigen periodischen Ablauf unterworfen ist. Die Erde ist eine Uhr, weil sie sich alle 23 Stunden und 56 Minuten einmal um ihre Achse dreht. Ein Atom ist eine Uhr, weil es Lichtwellen ganz bestimmter Frequenzen aussendet; sie sind als leuchtende Linien im Spektrum des Atoms zu sehen. Die Welt ist voller periodischer Abläufe, und so fundamentale Mechanismen wie die Atome zeigen eine außerordentliche Ähnlichkeit in verschiedenen Teilen des Universums. Jeder dieser periodischen Abläufe kann zur Zeitmessung benutzt werden. Der einzige Vorteil der vom Menschen hergestellten Uhren ist die Tatsache, daß sie besonders leicht abzulesen sind. Einige der anderen Uhren sind jedoch genauer. Heutzutage benutzt man die kurzen Radiowellen, die unter gewissen Bedingungen von Caesiumatomen und Ammoniakmolekülen ausgestrahlt werden, um zu einheitlicheren Maßstäben der Zeitmessung als den auf der Erdumdrehung basierenden zu kommen. Aber die Frage bleibt bestehen: Geht man von einer kosmischen Zeit ab, was messen dann eigentlich Uhren in dem weiten Sinn, den wir dem Begriff gerade gegeben haben?

Jede Uhr mißt ihre ›Eigenzeit‹ richtig, die, wie wir bald sehen werden, eine wichtige physikalische Größe ist. Aber sie gibt kein genaues Maß für irgendeine physikalische Größe, die mit Ereignissen auf Körpern zusammenhängt, die sich relativ zu ihr sehr schnell bewegen. Sie liefert eine Angabe zur Ermittlung einer mit solchen Ereignissen verknüpften Größe, es wird aber noch eine andere Angabe benötigt, und diese muß durch das Messen von räumlichen Entfernungen gewonnen werden. Räumliche Entfernungen sind ebenso wie Zeitspannen im allgemeinen nicht objektive physikalische Fakten, sondern hängen teilweise vom Beobachter ab. Woher das kommt, muß jetzt erklärt werden.

Zunächst einmal müssen wir Entfernungen zwischen zwei Ereignissen, nicht zwischen zwei Körpern betrachten. Das folgt unmittelbar aus dem, was wir bezüglich der Zeit festgestellt haben. Wenn zwei Körper sich relativ zueinander bewegen – und das ist eigentlich immer der Fall –, ändert sich die Entfernung zwischen ihnen ständig, so daß wir nur von der Entfernung zwischen ihnen zu einem bestimmten Zeitpunkt sprechen können. Wenn jemand im Zug nach Edinburgh fährt, können wir von seiner Entfernung von Edinburgh zu einem bestimmten Zeitpunkt sprechen. Wie wir schon gesagt haben, urteilen verschiedene Beobachter aber verschieden in der Frage, was ›derselbe‹ Zeitpunkt für ein Ereignis im Zug und ein Ereignis in Edinburgh ist. Dadurch wird das Messen von Entfernungen auf dieselbe Weise relativ, wie es nach unseren Feststellungen schon die Zeitmessung ist. Gewöhnlich meinen wir, es gäbe zwei voneinander unabhängige Arten des Abstandes zwischen zwei Ereignissen, einen räumlichen und einen zeitlichen: Zwischen der Abfahrt in London und der Ankunft in Edinburgh liegen 650 km und zehn Stunden. Wir haben schon gesehen, daß ein anderer Beobachter den zeitlichen Abstand anders beurteilt;

es ist noch leichter einzusehen, daß er über den räumlichen Abstand anders urteilt. Einem Beobachter auf der Sonne wird die Bewegung des Zuges vernachlässigbar erscheinen, und er wird meinen, der Reisende habe die Entfernung zurückgelegt, die die Erde in ihrer Bahn um die Sonne und in ihrer täglichen Drehung um sich selbst zurückgelegt hat. Andererseits wird ein Floh im Eisenbahnwagen meinen, der Reisende habe sich überhaupt nicht im Raum fortbewegt, sondern habe ihm ein Vergnügen bereitet, dessen Dauer er nach seiner ›Eigenzeit‹ messen wird, nicht nach der des Observatoriums von Greenwich. Man kann nicht sagen, daß sich der Reisende oder der Sonnenbewohner oder der Floh irren: einer hat ebenso recht wie der andere und hat nur dann unrecht, wenn er seinem subjektiven Maß eine objektive Gültigkeit zuschreibt. Die räumliche Entfernung zwischen zwei Ereignissen ist deshalb, für sich genommen, keine objektive physikalische Größe. Eine solche läßt sich vielmehr, wie wir noch sehen werden, aus der zeitlichen und der räumlichen Entfernung zusammen ableiten. Diese Größe wird raumzeitlicher Abstand genannt.

Nimmt man zwei Ereignisse im Universum, so kann das Verhältnis der beiden zueinander von zweierlei Art sein. Entweder ist es für einen Körper physikalisch möglich, sich so zu bewegen, daß er bei beiden Ereignissen anwesend ist, oder es ist nicht möglich. In diesem Fall liegt das an der Tatsache, daß kein Körper sich schneller als mit Lichtgeschwindigkeit bewegen kann. Nehmen wir zum Beispiel an, es wäre möglich, einen Lichtblitz von der Erde auszusenden und ihn vom Mond reflektieren zu lassen. (Dieses Experiment ist tatsächlich schon mit Laserstrahlen und Radiowellen durchgeführt worden, die dieselbe Geschwindigkeit wie Licht haben.) Zwischen dem Aussenden des Blitzes und der Rückkehr des Reflexes vergingen dann ungefähr $2^1/_2$ Sekunden. Kein Körper könnte sich so schnell bewegen, daß er sich irgendwann innerhalb dieser $2^1/_2$ Sekunden auf der Erde befinden und auch auf dem Mond sein könnte im Augenblick der Ankunft des Blitzes, denn in diesem Falle müßte der Körper sich schneller als Licht bewegen. Aber theoretisch könnte sich ein Körper jederzeit vor und nach diesen $2^1/_2$ Sekunden auf der Erde befinden und dennoch auf dem Mond sein, wenn der Blitz dort ankommt. Wenn es für einen Körper physikalisch unmöglich ist, sich so schnell zu bewegen, daß er bei beiden Ereignissen anwesend sein kann, dann bezeichnen wir den ›Abstand‹* zwischen den beiden Ereignissen als ›raumartig‹; wenn es physikalisch möglich ist, daß ein Körper bei beiden Ereignissen anwesend ist, bezeichnen wir den Abstand zwischen den zwei Ereignissen als ›zeitartig‹. Wenn der Abstand ›raumartig‹ ist, kann ein Körper sich so bewegen, daß ein Beobachter, der sich auf ihm befindet, die beiden Ereignisse als gleichzeitig beurteilt. In diesem Fall ist der ›Abstand‹ zwischen den beiden Ereignissen die räumliche Entfernung, die nach dem Urteil dieses Beobachters zwischen ihnen liegt. Wenn der Abstand ›zeitartig‹ ist, kann ein Körper bei beiden Ereignissen anwesend sein; in diesem Fall ist der ›Abstand‹ zwischen den zwei Ereignissen die zeitliche Entfernung, die nach dem Urteil eines Beobachters auf dem Körper zwischen ihnen liegt, das heißt, es ist die Zeitspanne zwischen den Ereignissen, gemessen in seiner ›Eigenzeit‹. Es gibt einen Grenzfall, der eintritt, wenn die beiden Ereignisse Teile eines Lichtblitzes sind oder wenn, wie wir auch sagen könnten, das eine Ereignis darin besteht, daß das andere gesehen wird. In diesem Fall ist der Abstand zwischen den beiden Ereignissen gleich Null.

Es gibt also drei verschiedene Fälle: 1. Es kann sein, daß ein Lichtstrahl beide Ereignisse trifft. Das ist immer dann der Fall, wenn das eine im Sehen des anderen besteht. Dann ist der Abstand zwischen den beiden Ereignissen Null. 2. Es kann geschehen, daß kein Körper sich von dem einen Ereignis zum anderen bewegen kann, weil das nur mit einer größeren Geschwindigkeit als der des Lichts möglich wäre. In diesem Fall ist es immer für einen Körper physikalisch möglich, sich so zu bewegen, daß ein Beobachter auf ihm die beiden Ereignisse als gleichzeitig

* Ich werde ›Abstand‹ sofort definieren.

beurteilt. Der Abstand ist dann die räumliche Entfernung, die nach dessen Urteil die beiden Ereignisse voneinander haben. Dieser Abstand wird als ›raumartig‹ bezeichnet. 3. Es kann für einen Körper physikalisch möglich sein, sich so zu bewegen, daß er bei beiden Ereignissen anwesend ist; in diesem Fall ist deren Abstand die zeitliche Entfernung, die sie nach dem Urteil eines Beobachters auf diesem Körper voneinander trennt. Dieser Abstand wird als ›zeitartig‹ bezeichnet.

Der Abstand zwischen zwei Ereignissen ist ein physikalischer Tatbestand, der zu ihnen gehört und nicht von den besonderen Umständen des Beobachters abhängt.

Es gibt zwei Arten der Relativitätstheorie, die Spezielle und die Allgemeine. Jene ist im allgemeinen nur näherungsweise gültig, sie ist aber in großer Entfernung von gravitierender Materie fast exakt. Immer wenn die Gravitation vernachlässigbar ist, kann man die Spezielle Relativitätstheorie anwenden, und dann läßt sich der Abstand zwischen zwei Ereignissen berechnen, wenn man die räumliche und zeitliche Entfernung zwischen ihnen, gemessen von irgendeinem beliebigen Beobachter, kennt.

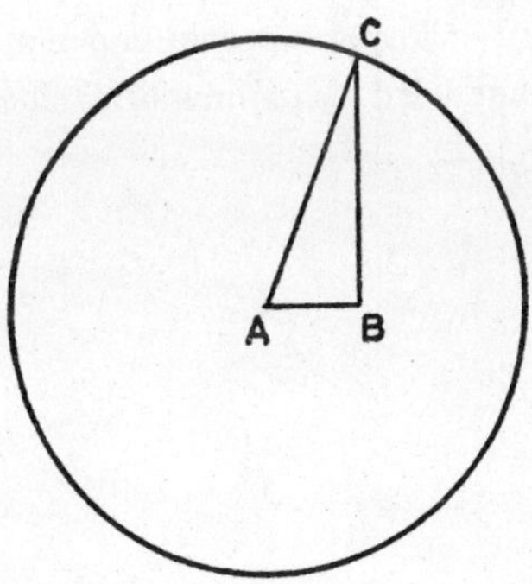

Wenn die räumliche Entfernung größer ist als die Entfernung, die das Licht in der zwischen den Ereignissen liegenden Zeit zurückgelegt hätte, ist der Abstand raumartig. Dann ergibt sich aus der vorstehenden Konstruktion der Abstand zwischen den beiden Ereignissen: Man zeichnet eine Strecke AB, die so lang ist wie die Strecke, die das Licht in der zwischen den Ereignissen liegenden Zeit zurücklegen würde; man beschreibt um A einen Kreis, dessen Radius die räumliche Entfernung der beiden Ereignisse ist; durch B zeichnet man senkrecht zu AB die Strecke BC, die in C den Kreis schneidet. Dann ist BC der Betrag des Abstandes zwischen den zwei Ereignissen.

Wenn der Abstand zeitartig ist, benutzt man dieselbe Figur, läßt aber nun AC die Entfernung sein, die das Licht in der zwischen den Ereignissen liegenden Zeit zurückgelegt hätte, während AB die räumliche Entfernung zwischen den beiden Ereignissen ist. Der Abstand zwischen ihnen ist jetzt die Zeit, die das Licht für die Strecke BC brauchen würde.

Obwohl AB und AC für verschiedene Beobachter verschieden sind, hat BC die gleiche Länge für alle Beobachter, abgesehen von Korrekturen, die aus der Allgemeinen Relativitätstheorie folgen. Diese Strecke repräsentiert den einen raum-zeitlichen Abstand, der die beiden Abstände der älteren Physik, den räumlichen und den zeitlichen, ersetzt. Dieser Begriff des Abstandes mag im Augenblick noch etwas geheimnisvoll erscheinen, aber im Folgenden wird er klarer werden, und seine Begründung in der Natur der Dinge wird sich allmählich zeigen.

5. Kapitel

Das Raum-Zeit-Kontinuum

Wer jemals von der Relativitätstheorie gehört hat, kennt den Ausdruck ›Raum-Zeit-Kontinuum‹ und weiß, daß man korrekterweise diesen Ausdruck an Stellen gebraucht, wo man früher ›Raum und Zeit‹ gesagt hätte. Aber sehr wenige Nicht-Mathematiker haben eine klare Vorstellung davon, was mit diesem Wechsel der Terminologie gemeint ist. Bevor ich weiter auf die Spezielle Relativitätstheorie eingehe, will ich dem Leser nahebringen, was der neue Ausdruck ›Raum-Zeit-Kontinuum‹ bedeutet, weil das für unsere Vorstellungswelt und unsere philosophischen Anschauungen vielleicht die bedeutsamste Neuerung ist, die Einstein einführte.

Angenommen, man will ausdrücken, wo und wann ein Ereignis stattgefunden hat – zum Beispiel eine Explosion auf einem Luftschiff –, so muß man vier Größen angeben, zum Beispiel geographische Länge und Breite, die Höhe über dem Erdboden und den Zeitpunkt. Nach der herkömmlichen Auffassung geben die ersten drei die Position im Raum an, während die vierte die zeitliche Position angibt. Die drei Größen, die die Lage im Raum angeben, können auf alle möglichen Weisen festgelegt werden. Man kann zum Beispiel die Ebene des Äquators, die Ebene des Meridians von Greenwich und die Ebene des 90. Meridians nehmen und angeben, wie weit das Luftschiff von jeder dieser Ebenen entfernt war; diese drei Entfernungen wären das, was man nach Descartes ›Cartesische Koordinaten‹ nennt. Man kann irgendwelche beliebigen anderen drei Ebenen nehmen, die jeweils aufeinander senkrecht stehen, und man hätte immer noch Cartesische Koordinaten. Oder man könnte die Entfernung von London zu einem Punkt senkrecht unter dem Luftschiff nehmen, die Richtung dieser Entfernung (Nordost, Westsüdwest oder was es auch sein mag) und die Höhe des Luftschiffs über dem Erdboden. Es gibt unendlich viele solcher Möglichkeiten, die räumliche Lage zu fixieren; alle sind gleichberechtigt, die Wahl zwischen ihnen ist nur eine Frage der Zweckmäßigkeit. Wenn man sagte, daß der Raum drei Dimensionen habe, so war genau das gemeint: daß drei Größen notwendig waren, um die Lage eines Punkts im Raum zu bestimmen, aber daß die Methode, wie man diese Größen festlegte, völlig willkürlich war.

Was die Zeit betraf, so hielt man die Sachlage für eine völlig andere. Die einzigen willkürlichen Elemente in der Zeitrechnung waren die Maßeinheit und der Anfangspunkt. Man konnte in Greenwich-Zeit, Pariser oder New Yorker Zeit rechnen; das bedeutete einen Unterschied im Anfangspunkt. Man konnte in Sekunden, Minuten, Stunden, Tagen oder Jahren rechnen; das war ein Unterschied in der Maßeinheit. Beides war klar und unproblematisch. Es gab nichts, was der Freiheit der Wahl in der Methode der Ortsbestimmung entsprach. Insbesondere dachte man, daß die Methoden der Orts- und Zeitbestimmung völlig unabhängig gewählt werden könnten. Aus diesen Gründen hielt man Raum und Zeit für ganz getrennte Dinge.

Die Relativitätstheorie hat das geändert. Es gibt nun verschiedene Arten der Zeitbestimmung, die sich nicht nur in Maßeinheit und Nullpunkt unterscheiden. Wie wir gesehen haben, geschieht tatsächlich ein Ereignis, das in einer Zeitrechnung mit einem anderen gleichzeitig stattfindet, in einer anderen Zeitrechnung früher als dieses, in einer dritten später. Darüber hinaus sind Orts- und Zeitbestimmung nicht länger unabhängig voneinander. Wenn man die Art der Ortsbestimmung ändert, ändert man möglicherweise auch das Zeitintervall zwischen zwei Ereignissen. Wenn man die Art der Zeitbestimmung ändert, ändert man möglicherweise auch den räumlichen Abstand zweier Ereignisse. So sind also Raum und Zeit voneinander nicht mehr unabhängig, ebensowenig wie die drei Raumdimensionen. Wir brauchen immer noch vier Größen, um die Position eines Ereignisses festzulegen, aber wir können nicht mehr wie früher eine der vier als völlig unabhängig von den anderen abtrennen.

Es ist nicht ganz richtig, zu sagen, daß es keine Unterscheidung zwischen Zeit und Raum mehr gibt. Wie wir gesehen haben, gibt es zeitartige und raumartige Abstände von Ereignissen. Aber die Unterscheidung ist von anderer Art, als man früher annahm. Es gibt keine universelle Zeit mehr, die man unzweideutig auf jeden Teil des Weltalls anwenden kann; es gibt nur die verschiedenen ›Eigenzeiten‹ der verschiedenen Körper im Weltall, die näherungsweise für zwei Körper, die sich nicht schnell bewegen, übereinstimmen, die aber exakt nur übereinstimmen für zwei Körper, die sich relativ zueinander in Ruhe befinden.

Das Weltbild, das diese neue Sachlage verlangt, sieht folgendermaßen aus: Angenommen, ich erlebe ein Ereignis E, und gleichzeitig geht ein Lichtblitz von mir nach allen Richtungen aus. Alles, was mit irgendeinem Körper passiert, nachdem ihn der Lichtblitz erreicht hat, ist in jeder Zeitrechnung eindeutig später als das Ereignis E. Jedes irgendwo stattfindende Ereignis, das ich hätte sehen können, bevor ich das Ereignis E erlebte, ist in jeder Zeitrechnung eindeutig früher als das Ereignis E. Aber jedes Ereignis, das in der dazwischenliegenden Zeit stattfand, ist weder eindeutig früher noch eindeutig später als das Ereignis E. Um die Sache ganz klarzumachen: Nehmen wir an, ich könnte einen Mann am Sirius und er könnte mich beobachten. Alles, was er macht und was ich sehe, bevor ich das Ereignis E erlebe, ist eindeutig früher als E; alles was er tut, nachdem er E gesehen hat, ist eindeutig später als E. Aber alles, was er tut, bevor er E gesehen hat, jedoch so, daß ich es sehe, nachdem E stattgefunden hat, ist nicht eindeutig früher oder später als E. Da Licht viele Jahre braucht, um vom Sirius zur

Erde zu kommen, ergibt das eine Spanne von doppelt so vielen Jahren auf dem Sirius, die ›zeitgenössisch‹ mit E genannt werden können, da diese Jahre nicht eindeutig vor oder nach E liegen.

Dr. A. A. Robb schlug in seinem Buch *Theory of Space and Time* eine Betrachtungsweise vor, die von grundlegender philosophischer Bedeutung sein mag oder nicht, aber die auf jeden Fall eine Hilfe zum Verständnis der Sachlage ist, die wir eben beschrieben haben. Er behauptete, daß ein Ereignis nur dann eindeutig *früher* als ein anderes genannt werden kann, wenn es auf das andere irgendwie einwirken kann. Nun breiten sich Wirkungen von einem Zentrum mit verschiedenen Geschwindigkeiten aus. Zeitungen üben eine Wirkung aus, die sich zum Beispiel von London mit einer mittleren Geschwindigkeit von zwanzig Meilen pro Stunde ausbreitet – auf langen Strecken eher schneller. Es ist klar, daß alles, was ein Mensch tut auf Grund dessen, was er in der Zeitung liest, später stattfindet als der Druck der Zeitung. Der Schall bewegt sich viel schneller: Man könnte eine Reihe von Lautsprechern entlang den Hauptstraßen aufstellen und die Nachrichten von einem zum andern rufen lassen. Aber ein Telegramm ist schneller, und drahtlose Telegraphie wird mit der Geschwindigkeit des Lichts übertragen, so daß auf nichts Schnelleres zu hoffen ist. Was nun ein Mensch infolge des Empfangs einer drahtlosen Nachricht tut, das tut er *nach* Absendung der Nachricht; die Bedeutung dieser Aussage ist hier ganz unabhängig von Konventionen der Zeitmessung. Aber alles, was er tut, während die Nachricht unterwegs ist, kann von der Absendung der Nachricht nicht beeinflußt werden und kann den Sender erst eine gewisse kurze Zeit, nachdem er die Nachricht abgeschickt hat, beeinflussen; das bedeutet: wenn zwei Körper räumlich weit voneinander entfernt sind, so kann jeder den andern erst nach einer bestimmten Zeitspanne beeinflussen; was geschieht, bevor diese Zeit vergangen ist, kann auf den entfernten Körper nicht einwirken. Nehmen wir an, irgend etwas Bemerkenswertes ereignet sich auf der

Sonne; in diesem Fall gibt es eine Periode von sechzehn Minuten auf der Erde, während der kein irdisches Ereignis das erwähnte bemerkenswerte Ereignis auf der Sonne beeinflussen oder von ihm beeinflußt werden kann. Das liefert einen wesentlichen Grund dafür, zu sagen, diese Periode von sechzehn Minuten auf der Erde sei weder früher noch später als das Ereignis auf der Sonne.

Die Paradoxien der Speziellen Relativitätstheorie sind nur deshalb Paradoxien, weil wir an ihre Betrachtungsweise nicht gewöhnt sind und dazu neigen, Tatsachen für gesichert zu halten, auch wenn wir kein Recht dazu haben. Das trifft insbesondere auf die Längenmessung zu. Im täglichen Leben besteht unsere Methode, Längen zu messen, im Anlegen eines Meterstabs oder irgendeines anderen Maßstabs. Im Augenblick, in dem der Maßstab angelegt wird, befindet er sich relativ zum zu messenden Körper in Ruhe. Folglich ist die Länge, die wir bei der Messung erhalten, die ›Eigenlänge‹, das heißt die Länge, wie sie einem Beobachter, der die Bewegung des Körpers teilt, erscheinen würde. Wir müssen uns im täglichen Leben nie mit dem Problem befassen, einen Körper zu messen, der sich kontinuierlich bewegt. Und selbst wenn wir es täten – die Geschwindigkeiten sichtbarer Körper auf der Erde sind, relativ zu ihr, so klein, daß die Anomalien, die die Relativitätstheorie behandelt, nicht in Erscheinung treten würden. Aber in der Astronomie oder in der Untersuchung der Atomstruktur haben wir es mit Problemen zu tun, die man nicht in dieser Weise angehen kann. Da wir nicht Josua sind, können wir die Sonne nicht stillstehen lassen, während wir sie messen; wenn wir ihre Größe bestimmen wollen, müssen wir das tun, während sie sich relativ zu uns bewegt. Ähnlich ist es, wenn man die Größe eines Elektrons bestimmen will: Man muß es tun, während es in rasender Bewegung ist, weil es keinen Augenblick stillsteht. Mit dieser Art von Problemen befaßt sich die Relativitätstheorie. Die Messung mit einem Meterstab liefert, wenn sie möglich ist, immer das gleiche Resultat, weil sie die ›Eigenlänge‹ eines Körpers liefert. Aber wenn diese Methode nicht möglich ist, entdecken wir, daß seltsame Dinge passieren, besonders dann, wenn der zu messende Körper sich sehr schnell relativ zum Beobachter bewegt. Eine Zeichnung wie die am Ende des vorigen Kapitels wird zum Verständnis der Sachlage beitragen.

Nehmen wir an, daß der Körper, an dem wir Längenmessungen vornehmen wollen, sich relativ zu uns bewegt, und zwar in einer Sekunde um die Strecke OM. Wir schlagen einen Kreis um O, dessen Radius die Strecke ist, die das Licht in einer Sekunde zurücklegt. Durch M zeichnen wir die Gerade MP senkrecht zu OM, die den Kreis in P schneidet.

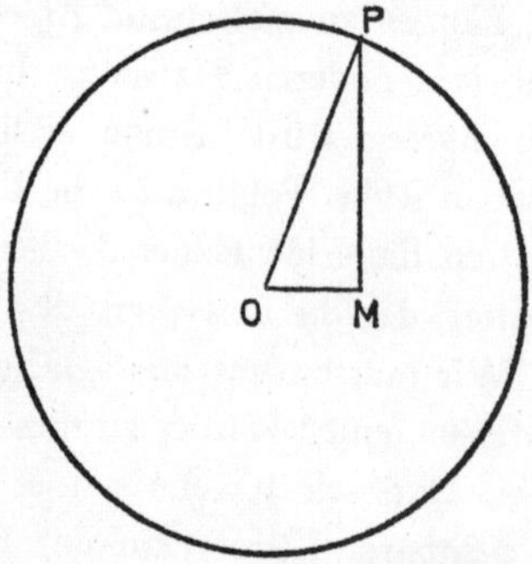

Dann ist OP die Strecke, die das Licht in einer Sekunde zurücklegt. Das Verhältnis von OP zu OM ist das Verhältnis der Lichtgeschwindigkeit zur Geschwindigkeit des Körpers. Das Verhältnis von OP zu MP ist das Verhältnis, in dem die Längen durch die Bewegung für uns geändert werden. Das heißt: Wenn der Beobachter urteilt, daß zwei Punkte auf dem bewegten Körper, deren Verbindungslinie in Bewegungsrichtung liegt, voneinander die durch MP wiedergegebene Entfernung haben, so würde ein Mann, der sich mit dem Körper bewegt, urteilen, daß sie die durch OP (im gleichen Maßstab) repräsentierte Entfernung voneinander haben. Entfernungen auf dem bewegten Körper senkrecht zur Bewegungsrichtung werden durch die Bewegung nicht beeinflußt. Die ganze Sache ist umkehrbar; das heißt, wenn ein Beobachter auf dem bewegten Körper Längen an dem Körper des erstgenannten Beobachters messen würde, wären sie gerade im gleichen Verhältnis geändert. Wenn sich zwei Körper relativ zueinander bewegen, so erscheinen Längen an beiden jeweils dem anderen kürzer als ihm selbst. Das ist die Fitzgeraldsche Kontraktion, die zuerst erfunden wurde, um dem Ergebnis des Michelson-Morley-Experiments Rechnung zu tragen. Aber jetzt ergibt sie sich ganz natürlich aus der Tatsache, daß die beiden Beobachter nicht zum gleichen Urteil über die Gleichzeitigkeit von Ereignissen kommen.

Der Begriff der Gleichzeitigkeit kommt auf folgende Weise ins Spiel: Wir sagen, zwei Punkte auf einem Körper sind einen Meter voneinander entfernt, wenn wir *gleichzeitig* das eine Ende eines Meterstabs mit dem einen und das andere mit dem anderen Punkt zur Deckung bringen können. Wenn nun zwei Menschen verschiedener Meinung über die Gleichzeitigkeit (von Ereignissen) sind und der Körper sich bewegt, so erhalten sie offensichtlich verschiedene Resultate bei ihren Messungen. So liegt die Schwierigkeit mit der Zeit der Schwierigkeit mit den Entfernungen zugrunde.

Das Verhältnis von OP zu MP ist das Wesentliche bei all diesen Dingen. Zeiten, Längen und Massen ändern sich in diesem Verhältnis, wenn der betreffende Körper sich relativ zum Beobachter bewegt. Man wird feststellen, daß dann, wenn OM sehr viel kleiner als OP ist, das heißt, wenn der Körper sich sehr viel langsamer als das Licht bewegt, MP und OP fast gleich sind, so daß die von der Bewegung erzeugten Änderungen sehr gering sind. Aber wenn OM fast so groß wie OP ist, das heißt, wenn sich der Körper fast so schnell wie das Licht bewegt, wird MP sehr klein im Vergleich zu OP, und die Effekte werden sehr groß. Die Erscheinung der Massenzunahme bei schnell bewegten Teilchen war beobachtet worden, und man hatte die richtige Formel gefunden, bevor Einstein die Spezielle Relativitätstheorie erfand. Tatsächlich war Lorentz schon zu den Formeln gelangt, die wir ›Lorentz-Transformation‹ nennen und die den ganzen mathematischen Inhalt der Speziellen Relativitätstheorie ausmachen. Aber es war Einstein, der zeigte, daß alles so war, wie man es hätte erwarten sollen, und nicht eine Ansammlung von provisorischen Hilfsmitteln, um überraschenden experimentellen Ergebnissen Rechnung zu tragen. Trotzdem darf man nicht vergessen, daß experimentelle Ergebnisse der ursprüngliche Anstoß zu der ganzen Theorie waren und der Grund für die ungeheuere logische Neukonzeption geblieben sind, die in Einsteins Theorien enthalten ist.

Wir können die Gründe noch einmal zusammenfassen, die es erzwungen haben, Raum und Zeit durch ›Raum-Zeit‹ zu ersetzen. Die alte Trennung von Raum und Zeit beruhte auf dem Glauben, daß in der Aussage, zwei Ereignisse an entfernten Punkten seien gleichzeitig, keine Mehrdeutigkeit enthalten sei; folglich dachte man, es sei möglich, die Topographie des Universums zu einem bestimmten Zeitpunkt durch rein räumliche Angaben zu beschreiben. Aber jetzt, da die Gleichzeitigkeit von einem bestimmten Beobachter abhängig geworden ist, ist das nicht mehr möglich. Was für einen Beobachter eine Beschreibung der Welt zu einem gegebenen Zeitpunkt ist, das ist für einen anderen Beobachter eine Folge von Ereignissen zu allen möglichen verschiedenen Zeiten, die nicht nur räumlich, sondern auch zeitlich voneinander entfernt sind. Aus dem gleichen Grund haben wir uns mit *Ereignissen* zu befassen statt mit *Körpern.* In der alten Theorie war es möglich, eine Anzahl von Körpern alle zum gleichen Zeitpunkt zu betrachten, und da die Zeit für alle die gleiche war, konnte man sie ignorieren. Aber jetzt können wir das nicht mehr tun, wenn wir eine objektive Beschreibung physikalischer Vorgänge erhalten wollen. Wir müssen den Zeitpunkt angeben, zu dem ein Körper betrachtet werden soll, und so gelangen wir zu einem ›Ereignis‹, das heißt zu etwas, das zu einem gegebenen Zeitpunkt stattfindet. Wenn wir Zeit und Ort eines Ereignisses nach der Berechnung eines Beobachters kennen, so können wir seine Zeit und seinen Ort, bezogen auf einen anderen Beobachter, berechnen. Aber wir müssen sowohl die Zeit als auch den Ort wissen, weil es keinen Sinn mehr hat, zu fragen, was sein Ort für den neuen Beobachter zur ›gleichen‹ Zeit wie für den alten Beobachter ist. Es gibt so etwas wie die ›gleiche‹ Zeit für verschiedene Beobachter nicht, außer wenn sie relativ zueinander in Ruhe sind. Wir brauchen also vier Messungen, um eine Position festzulegen, und vier Messungen legen die Position eines Ereignisses im Raum-Zeit-Kontinuum fest, nicht einfach die eines Körpers im Raum. Drei Messungen reichen nicht aus, irgendeine Position festzulegen. Das ist der Kern dessen, was mit der Ersetzung von Raum und Zeit durch das Raum-Zeit-Kontinuum gemeint ist.

6. *Kapitel*

Die Spezielle Relativitätstheorie

Die Spezielle Relativitätstheorie entstand als eine Methode, den Fakten des Elektromagnetismus Rechnung zu tragen. Wir haben es hier mit einer merkwürdigen Entwicklungsgeschichte zu tun. Im 18. und frühen 19. Jahrhundert wurde die Theorie der Elektrizität völlig von der Analogie zur Newtonschen Theorie beherrscht. Zwei elektrische Ladungen ziehen sich an, wenn sie von verschiedener Art sind, eine positiv und eine negativ, aber stoßen sich ab, wenn sie gleichartig sind; in jedem Fall ist die Kraft proportional zum Quadrat des reziproken Abstands, wie im Fall der Gravitation. Diese Kraft wurde aufgefaßt als Fernwirkung, bis Faraday durch einige bemerkenswerte Experimente den Effekt des vermittelnden Mediums demonstrierte. Faraday war kein Mathematiker; Clerk Maxwell gab den Resultaten, die durch Faradays Experimente nahegelegt wurden, erstmals eine mathematische Form. Darüber hinaus gab Clerk Maxwell Gründe an für die Annahme, daß Licht ein elektromagnetisches Phänomen ist, bestehend aus elektromagnetischen Wellen. Als Medium zur Übertragung elektromagnetischer Effekte konnte man daher den Äther ansehen, den man schon lange als Übertragungsmedium von Licht angenommen hatte. Daß Maxwells Theorie korrekt war, wurde durch die Experimente von Hertz bewiesen, indem er nämlich elektromagnetische Wellen herstellte; diese Experimente liefern die Grundlage für drahtlose Telegraphie. Soweit haben wir eine Geschichte triumphalen Fortschritts, in der Theorie und Experiment abwechselnd die führende Rolle spielen. Zur Zeit der

Experimente von Hertz schien der Äther gesichert und in einer ebenso starken Position zu sein wir irgendeine andere naturwissenschaftliche Hypothese, die direkter Verifikation nicht zugänglich ist. Aber man fing an, eine Reihe neuer Tatsachen zu entdecken, und nach und nach änderte sich das ganze Bild.

Die Bewegung, die mit Hertz ihren Gipfelpunkt erreichte, hatte das Ziel, alles kontinuierlich zu machen. Der Äther war kontinuierlich, die Wellen darin waren kontinuierlich, und man hoffte, daß die Materie sich als eine gewisse kontinuierliche Struktur im Äther erweisen würde. Aber dann kam die Entdeckung der atomistischen Struktur der Materie und der diskreten Struktur der Atome selbst. Man glaubte, daß die Atome aus Elektronen, Protonen und Neutronen bestünden. Das Elektron ist ein kleines Teilchen, das eine feste negative elektrische Ladung trägt. Das Proton trägt eine feste positive elektrische Ladung, während das Neutron ungeladen ist. (Es ist nur Gewohnheitssache, daß die Ladung des Elektrons negativ und die des Protons positiv genannt wird, anstatt umgekehrt.) Es erschien wahrscheinlich, daß man Elektrizität einzig und allein in Form der Ladungen von Elektron und Proton finden würde; alle Elektronen haben genau die gleiche negative Ladung, und alle Protonen haben eine genau entgegengesetzt gleiche positive Ladung. Später entdeckte man subatomare Teilchen; die meisten von ihnen heißen Mesonen und Hyperonen. Alle Protonen haben genau das gleiche Gewicht; sie sind etwa 1800mal so schwer wie Elektronen. Auch alle Neutronen haben genau das gleiche Gewicht; sie sind ein bißchen schwerer als Protonen. Mesonen, von denen es mehrere verschiedene Arten gibt, wiegen mehr als Elektronen, aber weniger als Protonen, während Hyperonen schwerer als Protonen oder Neutronen sind.

Einige der Teilchen tragen elektrische Ladung, während andere neutral sind. Man stellt fest, daß alle positiv geladenen genau die gleiche Ladung wie das Proton haben, während alle negativ geladenen genau die gleiche Ladung wie das Elektron haben, obwohl ihre anderen Eigenschaften ganz verschieden sind. Um die Sache noch mehr zu verwirren, gibt es ein Teilchen, das mit dem Elektron identisch ist, bis auf die Tatsache, daß es positive statt negative Ladung hat; es heißt Positron. In neuester Zeit ist ein Teilchen entdeckt worden, das mit dem Proton identisch ist bis auf die Tatsache, daß es negative Ladung hat; es heißt Anti-Proton.

Diese Entdeckungen über die diskrete Struktur der Materie sind untrennbar von den Entdeckungen anderer sogenannter Quantenphänomene, wie der leuchtenden Linien im Spektrum eines Atoms. Es scheint, daß alle natürlichen Prozesse eine fundamentale Unstetigkeit zeigen, sobald man sie mit genügender Genauigkeit messen kann.

So mußte die Physik neue Tatsachen verdauen und sich neuen Problemen stellen. Obwohl die Quantentheorie mehr oder weniger in ihrer heutigen Form schon seit vierzig Jahren existiert und die Spezielle Relativitätsthoerie seit sechzig Jahren, wurde bis vor etwa zwanzig Jahren kein großer Fortschritt in dem Bemühen erzielt, die beiden zu verbinden. Neue Entwicklungen in der Quantentheorie haben sie besser in Einklang mit der Relativitätstheorie gebracht, und diese Verbesserungen haben zu unserem Verständnis der subatomaren Teilchen ein gutes Stück beigetragen, aber viele schwerwiegende Schwierigkeiten bleiben. Für die Probleme, die von der Speziellen Relativitätstheorie allein, ganz unabhängig von der Quantentheorie, gelöst wurden, ist das Michelson-Morley-Experiment typisch. Unter der Voraussetzung, daß Maxwells Theorie des Elektromagnetismus richtig ist, hätte es gewisse feststellbare Effekte der Bewegung durch den Äther geben müssen; tatsächlich gab es keine. Außerdem war da die Tatsache, daß ein Körper in sehr rascher Bewegung seine Masse zu vergrößern scheint; die Zunahme steht im Verhältnis von OP zu MP in der Zeichnung im vorigen Kapitel. Tatsachen dieser Art häuften sich allmählich, bis es dringlich wurde, eine Theorie zu finden, die ihnen allen Rechnung trug. Die Maxwellsche Theorie ließ sich auf gewisse Gleichungen reduzieren, bekannt als die ›Maxwellschen Gleichungen‹. Durch alle Revolutionen hindurch, die die Physik in den letzten hundert Jahren erlebte, blieben diese Gleichungen bestehen; tatsächlich haben sie sogar allmählich an Bedeutung gewonnen, und ihre Richtigkeit wurde immer besser gesichert – denn Maxwells Argumente zu ihren Gunsten waren so wacklig, daß die Korrektheit seiner Ergebnisse fast einer Eingebung zugeschrieben werden muß. Nun gründeten sich diese Gleichungen natürlich auf Experimente in irdischen Laboratorien, aber es war stillschweigend angenommen worden, daß die Bewegung der Erde durch den Äther vernachlässigt werden konnte. In bestimmten Fällen, wie zum Beispiel beim Michelson-Morley-Experiment, hätte das nicht ohne meßbaren Fehler möglich sein dürfen; aber es stellte sich heraus, daß es immer möglich war. Die Physiker standen dem seltsamen Problem gegenüber, daß die Maxwellschen Gleichungen genauer waren, als sie hätten sein dürfen. Eine sehr ähnliche Schwierigkeit war durch Galilei ganz am Anfang der modernen Physik erklärt worden. Die meisten Leute denken, daß ein Gewicht, das man fallen läßt, vertikal fällt. Aber wenn man das Experiment in der Kabine eines fahrenden Schiffs versucht, fällt das Gewicht im Verhältnis zur Kabine genauso, wie wenn das Schiff in Ruhe wäre; zum Beispiel wird es, wenn es von der Mitte der Decke herabfällt, in der Mitte des Fußbodens landen. Das heißt, vom Standpunkt eines Beobachters an der Küste fällt es nicht senkrecht, da es die Bewegung des Schiffs mitmacht. Solange die Bewegung des Schiffs gleichförmig ist, verhält sich alles innerhalb des Schiffs so, wie wenn dieses sich nicht bewegen würde. Galilei erklärte, wie das zustande kommt, zur großen Mißbilligung der Schüler des Aristoteles. In der orthodoxen Physik, die auf Galilei zurückgeht, erzeugt eine gleichförmige gradlinige Bewegung keine feststellbaren Effekte. Das war zu seiner Zeit eine so erstaunliche Form von Relativität, wie es die Einsteinsche für uns ist. Einstein unternahm es in der Speziellen Relativitätstheorie, zu zeigen, wie elektromagnetische Effekte unbeeinflußt sein konnten von der Bewegung durch den Äther –

vorausgesetzt es gibt ihn überhaupt. Das war ein schwierigeres Problem, das nicht gelöst werden konnte, indem man sich einfach an die Prinzipien des Galilei hielt.

Die größte Mühe bei der Lösung dieses Problems machte die Zeit. Es war nötig, den Begriff ›Eigenzeit‹ einzuführen, den wir schon behandelt haben, und den alten Glauben an die universelle Zeit aufzugeben. Die quantitativen Gesetze der elektromagnetischen Erscheinungen werden durch die Maxwellschen Gleichungen ausgedrückt, und diese Gleichungen erweisen sich als richtig für jeden Beobachter, wie er sich auch bewegen mag. Es ist eine einfache mathematische Aufgabe herauszufinden, welche Unterschiede bestehen müssen zwischen den Maßen, die ein Beobachter, und denen, die ein anderer verwendet, wenn sie trotz ihrer Relativbewegung dieselben Gleichungen als gültig erkennen sollen. Die Antwort ist in der ›Lorentz-Transformation‹ enthalten, die als Formel von Lorentz gefunden, aber durch Einstein interpretiert und einsehbar gemacht wurde.

Die Lorentz-Transformation sagt uns, zu welchem Urteil über Entfernungen und Zeitspannen ein Beobachter, dessen relative Bewegung bekannt ist, kommen wird, wenn uns die Angaben eines anderen Beobachters gegeben sind. Nehmen wir einmal an, daß jemand in einem Zug sitzt, der genau nach Osten fährt. Er ist schon eine gewisse Zeit gefahren, die nach den Uhren an der Station, wo er abgefahren ist, t beträgt. In einer Entfernung x von seinem Startpunkt, gemessen von den Leuten an der Strecke, findet in diesem Augenblick ein Ereignis statt – sagen war, die Schienen werden von einem Blitz getroffen. Der Mann ist die ganze Zeit mit einer konstanten Geschwindigkeit v gefahren. Die Frage ist: Wie weit von ihm entfernt wird nach seiner Ansicht das Ereignis stattgefunden haben, und wie lang nach seiner Abfahrt wird es nach seiner Uhr sein, angenommen, seine Uhr geht richtig vom Standpunkt eines Beobachters im Zug aus?

Unsere Lösung dieses Problems muß einige Bedingungen erfüllen. Sie muß zu dem Resultat führen, daß die Lichtgeschwindigkeit für alle Beobachter die gleiche ist, wie sie sich auch bewegen. Und sie muß zur Folge haben, daß physikalische Phänomene – insbesondere die elektromagnetischen – denselben Gesetzen für verschiedene Beobachter gehorchen, wie auch ihre Maßstäbe für Abstände und Zeiten durch ihre Bewegung beeinflußt sein mögen. Unsere Lösung muß alle solche Einflüsse für die beiden Beobachter ›symmetrisch‹ machen. Das heißt: Wenn ein Mann in einem Zug sitzt und seine Bewegung sein Urteil über Entfernungen außerhalb des Zugs beeinflußt, so muß sich das Urteil der Leute außerhalb des Zugs über Entfernungen in ihm in genau der gleichen Weise ändern. Diese Bedingungen sind ausreichend, um die Lösung des Problems eindeutig zu bestimmen, aber die Lösung erfordert mehr Mathematik, als ich mir in diesem Buch gestatten will.

Bevor wir die Sache allgemein behandeln, wollen wir ein Beispiel betrachten. Nehmen wir an, jemand sitzt in einem Zug auf einer langen geraden Strecke und fährt mit einer Geschwindigkeit von $^3/_5$ der Lichtgeschwindigkeit genau nach Osten. Angenommen, er mißt die Länge seines Zugs und stellt fest, daß er 100 m lang ist. Angenommen, den Leuten, die bei seiner Vorbeifahrt einen Blick auf ihn werfen können, gelingt es durch raffinierte wissenschaftliche Methoden, Beobachtungen zu machen, die es ihnen ermöglichen, die Länge des Zugs zu berechnen. Wenn sie korrekt arbeiten, werden sie finden, daß er 80 m lang ist. Alles im Zug wird ihnen in der Bewegungsrichtung des Zugs kürzer erscheinen als dem Mann im Zug. Suppenteller, die er als gewöhnliche kreisrunde Teller sieht, werden dem Außenstehenden oval erscheinen: Sie werden nur $^4/_5$mal so breit in der Bewegungsrichtung des Zugs erscheinen wie in der Richtung quer zum Zug. Und all das ist symmetrisch. Angenommen, der Reisende sieht durchs Fenster jemanden eine Angel tragen, die nach dessen Messung fünf Meter lang ist. Wenn er sie aufrecht hält, wird der Mann im Zug sie genauso wie der andere sehen; ebenso, wenn er sie horizontal, aber quer zur Bahnstrecke hält. Hält er sie aber parallel zu den Gleisen, wird sie dem Mann im Zug nur vier Meter lang erscheinen. Bei dieser Beschreibung dessen, was die Leute sehen, habe ich angenommen, daß jeder die Perspektive berücksichtigt. Trotzdem werden die Längen aller Gegenstände im Zug in Bewegungsrichtung für Leute außerhalb um 20% verkürzt sein, und das gleiche wird für die Gegenstände außerhalb, vom Zug aus betrachtet, gelten.

Aber die Auswirkungen auf die Zeit sind sogar noch viel seltsamer. Diese Dinge sind mit fast idealer Klarheit von Eddington in »Raum, Zeit und Schwere«* erklärt worden. Er nimmt an, daß ein Flieger relativ zur Erde mit einer Geschwindigkeit von 259 800 km pro Sekunde fliegt, und er sagt: »Würden wir den Flieger sorgfältig beobachten, so würden wir schließen, daß seine Bewegungen ungewöhnlich langsam sind; und alle Vorkommnisse in der sich mit ihm bewegenden Kabine wären in ähnlicher Weise verzögert – als ob die Zeit vergessen hätte, weiterzulaufen. Seine Zigarre dauert zweimal so lang wie eine von den unseren. Ich habe absichtlich gesagt ›schließen‹. Wir würden noch eine weit außergewöhnlichere Verlangsamung der Zeit *wahrnehmen;* diese ist jedoch leicht damit zu erklären, daß der Flieger seine Entfernung von uns rapid vergrößert und die Lichteindrücke immer längere Zeit brauchen, um zu uns zu gelangen. Die bescheidenere Verzögerung, auf die wir hingewiesen haben, bleibt auch dann noch bestehen, wenn wir die Zeit für die Übertragung durch das Licht in Rechnung gesetzt haben. Doch hier spielt wieder die Gegenseitigkeit herein; denn nach der Auffassung des Fliegers sausen wir mit einer Geschwindigkeit von 259 800 km in der Sekunde an ihm vorüber. Und nach Berücksichtigung aller Umstände kommt er zu dem Schlusse, daß wir die Faulen sind. Unsere Zigarre dauert zweimal so lange wie seine.«

Wie wird man einander in dieser Situation beneiden! Jeder denkt, die Zigarre des anderen brennt doppelt so lang wie seine

* Deutsche Übersetzung von W. Gordon, Braunschweig 1923. Originaltitel: *Space, Time and Gravitation.*

eigene. Man kann sich aber vielleicht etwas mit dem Gedanken trösten, daß die Zahnarztbesuche des anderen ebenfalls doppelt so lang dauern.

Dieses Problem der Zeit wird dadurch ziemlich verzwickt, daß Ereignisse, die nach dem Urteil des einen gleichzeitig sind, von einem andern als zeitlich getrennt angesehen werden. Ich will versuchen klarzumachen, in welcher Weise die Zeit beeinflußt wird; dazu kehre ich zu unserem Eisenbahnzug zurück, der mit $\frac{3}{5}$ der Lichtgeschwindigkeit nach Osten fährt. Damit man sich die Sache leichter vorstellen kann, nehme ich an, daß die Erde groß und flach ist anstatt klein und rund.

Nehmen wir Ereignisse, die an einem festen Punkt der Erde stattfinden, und fragen wir uns, wie lang nach dem Beginn der Fahrt sie nach Meinung des Reisenden stattgefunden haben; die Antwort ist, daß wir die Retardierung finden werden, von der Eddington spricht; das heißt in diesem Fall, daß eine Zeitspanne, die eine Stunde im Leben des Mannes auf dem Erdboden zu sein scheint, für den Mann, der ihn vom Zug aus betrachtet, $1\frac{1}{4}$ Stunden lang ist. Umgekehrt wird eine Zeitspanne, die im Leben des Mannes im Zug eine Stunde zu sein scheint, nach dem Urteil des Mannes, der ihn von außen beobachtet, $1\frac{1}{4}$ Stunden lang sein. Jedem erscheinen Zeiträume, die er im Leben des andern beobachtet, um ein Viertel länger, als sie für den sind, der sie durchlebt. Das Verhältnis ist für Zeitspannen das gleiche wie für Längen.

Aber wenn wir nicht Ereignisse an derselben Stelle der Erde vergleichen, sondern Ereignisse an weit entfernten Orten, so sind die Ergebnisse noch seltsamer. Betrachten wir nun alle Ereignisse, die vom Standpunkt eines Menschen, der fest auf der Erde steht, zu einem gegebenen Zeitpunkt stattfinden, zum Beispiel dem Zeitpunkt, zu dem der Beobachter im Zug den Mann auf der Erde passiert. Von diesen Ereignissen werden alle, die an Punkten stattfinden, auf die sich der Zug zubewegt, dem Reisenden schon vergangen erscheinen, während die, welche an Punkten hinter dem Zug stattfinden, für ihn noch in der

Zukunft liegen. Wenn ich sage, daß Ereignisse in der Vorwärtsrichtung schon vergangen erscheinen, so sage ich nichts ganz Präzises; denn er hat sie noch nicht gesehen; aber wenn er sie sieht, so wird er nach Berücksichtigung der Lichtgeschwindigkeit zu dem Schluß kommen, daß sie vor dem in Frage stehenden Augenblick stattgefunden haben müssen. Ein Ereignis, das in der Vorwärtsrichtung entlang der Bahnstrecke stattfindet und das nach dem Urteil des ortsfesten Beobachters gerade jetzt geschieht (oder besser gesagt: über das er zu diesem Urteil kommen wird, wenn er davon erfährt), das wird nach dem Urteil des Reisenden vor $^3/_4$ Sekunden stattgefunden haben, falls es in einer Entfernung entlang der Strecke geschieht, die das Licht in einer Sekunde durchlaufen würde. Wenn es in einer Entfernung von den beiden Beobachtern stattfindet, die das Licht nach dem Urteil des Mannes auf der Erde in einem Jahr durchlaufen würde, so wird der Reisende (wenn er davon erfährt) zu dem Urteil kommen, daß es neun Monate vor dem Moment eingetreten sein muß, in dem er den Erdbewohner passierte. Und generell wird er Ereignisse in Vorwärtsrichtung entlang der Strecke vordatieren, und zwar um $^3/_4$ der Zeit, die das Licht brauchen würde, um von ihnen zu dem Mann auf der Erde zu gelangen, an dem er gerade vorbeifährt und der der Meinung ist, daß die Ereignisse gerade in diesem Moment stattfinden – oder besser, der Meinung sein wird, daß sie in diesem Moment stattgefunden haben, wenn das Licht von ihnen ihn erreicht. Ereignisse, die an der Strecke hinter dem Zug stattfinden, werden um genau den gleichen Betrag später datiert werden.

Wir haben also eine zweifache Korrektur am Zeitpunkt eines Ereignisses anzubringen, wenn wir vom Beobachter auf der Erde zu dem im Zug übergehen. Erst müssen wir $^5/_4$ der Zeit nehmen, die der Erdbewohner ermitteln würde, und dann davon $^3/_4$ der Zeit subtrahieren, die das Licht brauchen würde, um von dem in Frage stehenden Ereignis zum Erdbewohner zu gelangen.

Betrachten wir ein Ereignis in einem fernen Teil des Universums, das der Erdbewohner und der Reisende gerade in dem Moment sehen können, in dem sie sich begegnen. Wenn der Erdbewohner weiß, wie weit entfernt das Ereignis stattgefunden hat, so kann er berechnen, wann es stattgefunden hat, da er die Lichtgeschwindigkeit kennt. Wenn das Ereignis an einem Ort in der Richtung, in die der Reisende fährt, stattgefunden hat, so wird er zu dem Schluß kommen, daß es vor doppelt so langer Zeit stattfand, als der Erdbewohner denkt. Aber wenn es an einem Ort in der Richtung, aus der er kommt, stattgefunden hat, so wird er behaupten, daß es nur vor einer halb so langen Zeit stattfand, als der Erdbewohner denkt. Wenn der Reisende mit anderer Geschwindigkeit fährt, ändern sich diese Verhältnisse.

Nehmen wir nun an, daß plötzlich (wie es manchmal vorkommt) zwei neue Sterne aufgeflammt sind und dem Reisenden und dem Erdbewohner gerade zum Zeitpunkt ihrer Begegnung sichtbar werden, der eine von ihnen in der Richtung, in die der Zug fährt, und der andere in der Richtung, aus der er kommt. Angenommen, der Erdbewohner kann auf irgendeine Art die Entfernung der beiden Sterne ermitteln und schließt so, daß das Licht fünfzig Jahre braucht, um von dem Stern, auf den der Reisende zufährt, zu ihm zu gelangen, dagegen von dem andern hundert Jahre. Dann wird er behaupten, die Explosion, die den neuen Stern in der Vorwärtsrichtung entstehen ließ, habe vor fünfzig Jahren stattgefunden, die Explosion dagegen, die den anderen neuen Stern hervorbrachte, vor hundert Jahren. Der Reisende wird diese Zahlen vertauschen: Er wird schließen, daß die Explosion vor ihm vor hundert Jahren stattgefunden habe, und die hinter ihm vor fünfzig Jahren. Ich nehme an, daß beide, ausgehend von richtigen physikalischen Daten, richtig rechnen. Tatsächlich haben beide recht, außer wenn sie sich einbilden, der andere müsse unrecht haben. Es sollte vermerkt werden, daß beide auf den gleichen Wert der Lichtgeschwindigkeit kommen werden, denn ihre Berechnungen der Entfernung von beiden neuen Sternen werden genau im gleichen Verhältnis verschieden sein wie ihre Berechnungen der Zeit, die seit den Explosionen vergangen ist. Tatsächlich ist eines der Hauptmotive der ganzen Theorie, sicherzustellen, daß die Lichtgeschwindigkeit für alle Beobachter gleich ist, unabhängig von ihrer Bewegung. Diese Tatsache, die experimentell festgestellt wurde, war mit den alten Theorien nicht vereinbar und machte es unbedingt notwendig, in der neuen Theorie überraschende Aussagen zuzulassen. Die Relativitätstheorie enthält gerade so viel Überraschendes, wie unbedingt nötig, um mit den Tatsachen vereinbar zu sein. Tatsächlich kommt sie einem nach einiger Zeit überhaupt nicht mehr überraschend vor.

Es gibt noch eine andere Besonderheit von sehr großer Bedeutung in der Theorie, die wir betrachtet haben, und das ist die Tatsache, daß wir, obwohl Entfernungen und Zeitspannen für verschiedene Beobachter verschieden sind, aus ihnen eine Größe ableiten können, die wir (raum-zeitlichen) ›Abstand‹ nennen, und die für alle Beobachter gleich ist. Diesen ›Abstand‹ erhält man in der Speziellen Relativitätstheorie folgendermaßen: Man nimmt das Quadrat der Entfernung zwischen zwei Ereignissen und das Quadrat der Entfernung, die das Licht in der Zeit zwischen beiden Ereignissen zurücklegt; dann subtrahiert man die kleinere dieser Zahlen von der größeren und definiert das Resultat als Quadrat des Abstands zwischen beiden Ereignissen. Dieser Abstand ist für alle Beobachter gleich und repräsentiert eine echte physikalische Beziehung zwischen den zwei Ereignissen, was bei zeitlicher und räumlicher Entfernung nicht der Fall ist. Wir haben schon eine geometrische Konstruktion für diesen Abstand am Ende des 4. Kapitels angegeben; sie ergibt das gleiche Resultat wie die obige Regel. Der Abstand ist ›zeitartig‹, wenn die Zeitdifferenz zwischen den beiden Ereignissen länger ist, als das Licht brauchen würde, um vom Ort des einen zu dem des andern zu gelangen; im umgekehrten Fall ist er ›raumartig‹. Wenn die Zeitdifferenz zwischen den beiden Ereignissen genau gleich der Zeit ist, die Licht vom einen zum andern braucht, so ist der Abstand Null; die beiden Ereignisse liegen dann auf einem Lichtstrahl, außer wenn gerade kein Licht vorbeikommt.

Wenn wir zur Allgemeinen Relativitätstheorie kommen, werden wir den Begriff des Abstands noch verallgemeinern müssen. Je tiefer wir in die Struktur der Welt eindringen, um so wichtiger wird dieser Begriff; wir sind versucht, zu sagen, daß er die Realität ist, von der (räumliche) Entfernungen und Zeitspannen eine etwas konfuse Wiedergabe sind. Die Relativitätstheorie hat unsere Anschauung von der grundlegenden Struktur der Welt gewandelt; das ist der Ursprung sowohl ihrer Schwierigkeit als auch ihrer großen Bedeutung.

Der Rest dieses Kapitels kann von Lesern, die nicht einmal die elementarste Vertrautheit mit Geometrie und Algebra haben, übergangen werden. Aber zum Nutzen derer, deren Erziehung nicht *völlig* vernachlässigt worden ist, will ich einige Erläuterungen der allgemeinen Formel anfügen, von der ich bisher nur spezielle Beispiele gegeben habe. Die allgemeine Formel, um die es sich handelt, ist die ›Lorentz-Transformation‹; sie sagt uns, wie wir, wenn ein Körper sich relativ zu einem anderen in gegebener Weise bewegt, die Größe von Längen und Zeitspannen, die auf den einen bezogen sind, ermitteln können, wenn wir die auf den anderen bezogenen Werte kennen. Bevor ich die algebraischen Formeln angebe, will ich eine geometrische Konstruktion bringen. Wie zuvor wollen wir annehmen, daß zwei Beobachter vorhanden sind, die wir O und O′ nennen wollen und von denen einer fest auf der Erde steht, während der andere sich mit gleichförmiger Geschwindigkeit auf einer geraden Bahnstrecke bewegt. Zu Beginn der betrachteten Zeit waren die beiden Beobachter am gleichen Punkt der Strecke, aber jetzt sind sie durch eine gewisse Entfernung getrennt. Ein Blitz schlägt in einen Punkt X an der Strecke ein, und O stellt fest, daß im Augenblick des Blitzes der Beobachter im Zug den Punkt O′ erreicht hat. Das Problem ist: Wie weit wird O′ nach seinem Urteil von dem Blitz entfernt sein, und wie lang nach dem Beginn der Fahrt (als er in O war) hat nach seinem Urteil der Blitz eingeschlagen? Wir nehmen an, daß wir die Zahlenwerte des O kennen, und wir wollen die des O′ berechnen.

Es sei OC die Entfernung, die das Licht entlang der Strecke zurückgelegt hätte in der Zeit, die nach Meinung von O seit dem Beginn der Fahrt vergangen ist. Man schlägt einen Kreis um O mit dem Radius OC, und durch O′ zieht man eine Senkrechte zur Bahnstrecke, die den Kreis in D trifft. Auf OD nimmt man einen Punkt Y, so daß OY gleich OX ist (X ist der Punkt an der Bahnstrecke, an dem der Blitz einschlägt). Man zieht YM senkrecht zu OD. YM und OS schneiden sich in S. Weiterhin mögen sich die Verlängerungen von DO′ und OS in R schneiden. In X und C errichtet man Senkrechte auf die Bahnstrecke, die die Verlängerung von OS in Q bzw. Z schneiden. Dann ist RQ (von O gemessen) die Entfernung, in der O′ sich von dem

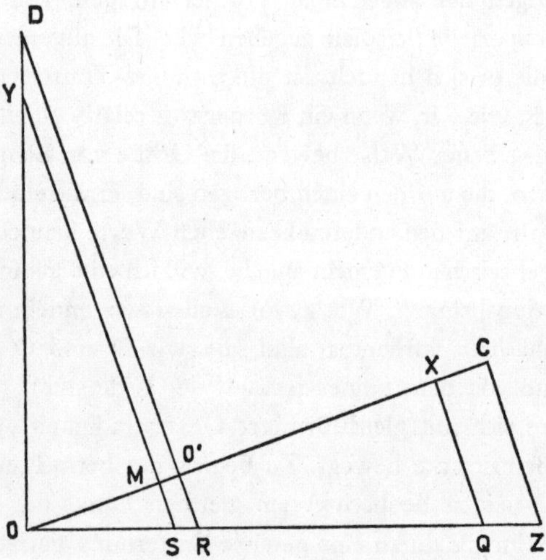

Blitz zu befinden glaubt, und nicht O′X, wie es nach der alten Ansicht wäre. Und während O denkt, daß in der Zeit vom Beginn der Fahrt bis zum Blitzschlag das Licht die Strecke OC zurücklegen würde, denkt O′, daß die verstrichene Zeit die ist, welche das Licht für die Strecke SZ (wie sie O mißt) brauchen würde. Der raum-zeitliche Abstand nach der Messung von O ergibt sich aus der Differenz des Quadrats über OX und des Quadrats über OC; der Abstand nach der Messung von O′ ergibt sich aus der Differenz des Quadrats über RQ und des Quadrats über SZ. Ein wenig ganz elementare Geometrie zeigt, daß beide Größen gleich sind.

Die algebraischen Formeln, die von der obigen Konstruktion repräsentiert werden, lauten wie folgt: Vom Standpunkt des O möge ein Ereignis in einer Entfernung x an der Bahnstrecke stattfinden, und zwar zur Zeit t nach Beginn der Fahrt (als O′ in O war). Vom Standpunkt des O′ möge dasselbe Ereignis in einer Entfernung x an der Bahnstrecke stattfinden, und zur Zeit t nach Fahrtbeginn. c sei die Lichtgeschwindigkeit und v die Geschwindigkeit von O′ relativ zu O. Wir setzen

$$ß = \frac{c}{\sqrt{c^2 - v^2}}$$

Dann ist

$$x' = ß\,(x - vt)$$

$$t' = ß\,(t - \frac{vx}{c^2})$$

Das ist die Lorentz-Transformation, aus der alles in diesem Kapitel hergeleitet werden kann.

7. Kapitel

Raum-zeitliche Abstände

Die Spezielle Relativitätstheorie, mit der wir uns bisher beschäftigt haben, hat ein ganz bestimmtes Problem völlig gelöst: Sie hat die experimentelle Tatsache erklärt, daß für zwei Körper, die sich relativ zueinander gleichförmig bewegen, alle Gesetze der Physik genau die gleichen sind, sowohl die Gesetze der gewöhnlichen Dynamik als auch die mit der Elektrizität und dem Magnetismus zusammenhängenden. ›Gleichförmige‹ Bewegung bedeutet hier Bewegung in gerader Linie mit konstanter Geschwindigkeit. Aber obwohl dieses eine Problem durch die Spezielle Relativitätstheorie gelöst wurde, erhob sich sofort ein neues: Was geschieht, wenn die Bewegung der beiden Körper relativ zueinander nicht gleichförmig ist? Nehmen wir zum Beispiel an, daß der eine die Erde, der andere ein fallender Stein ist. Der Stein befindet sich in beschleunigter Bewegung: er fällt immer schneller und schneller. Nichts in der Speziellen Relativitätstheorie ermöglicht es uns, zu behaupten, daß die Gesetze physikalischer Phänomene für einen Beobachter auf dem Stein dieselben sind wie für einen auf der Erde. Diese Tatsache ist besonders peinlich, da die Erde selbst ein fallender Körper im weiteren Sinn ist: Sie erfährt in jedem Augenblick eine Beschleunigung* zur Sonne hin, weshalb sie sich um die Sonne dreht, anstatt sich in gerader Linie zu bewegen. Da unser physi-

* Nicht nur eine Zunahme der Geschwindigkeit, sondern jede Änderung von Geschwindigkeit oder Bewegungsrichtung heißt ›Beschleunigung‹. Die einzige Art der Bewegung, die man ›unbeschleunigt‹ nennt, ist eine geradlinige gleichförmige Bewegung.

kalisches Wissen aus Experimenten auf der Erde stammt, können wir uns nicht mit einer Theorie begnügen, in der vorausgesetzt wird, daß der Beobachter keine Beschleunigung erfährt. Die Allgemeine Relativitätstheorie beseitigt diese Einschränkung und stellt es dem Beobachter frei, sich auf jede beliebige Weise, auf gerader oder gekrümmter Bahn, gleichförmig oder beschleunigt zu bewegen. Das Bemühen, diese Einschränkung zu beseitigen, führte Einstein zu seinem neuen Gravitationsgesetz, das wir sogleich betrachten werden. Die Arbeit daran war außergewöhnlich schwierig und nahm zehn Jahre in Anspruch. Die Spezielle Relativitätstheorie stammt aus dem Jahr 1905, die Allgemeine aus dem Jahr 1915.

Aus Erfahrungen, mit denen wir alle vertraut sind, sieht man schon, daß eine beschleunigte Bewegung viel größere Schwierigkeiten macht als eine gleichförmige. Wenn wir in einem Zug sind, der mit gleichmäßiger Geschwindigkeit fährt, merken wir die Bewegung nicht, solange wir nicht zum Fenster hinaussehen; wenn der Zug aber plötzlich bremst, wirft es uns nach vorn, und wir merken, daß etwas geschieht, auch wenn wir nicht sehen, was außerhalb des Zuges vorgeht. Ebenso scheint in einem Fahrstuhl alles in Ordnung zu sein, solange er sich gleichmäßig bewegt, aber beim Abfahren und Anhalten, wenn seine Bewegung beschleunigt ist, haben wir ein komisches Gefühl in der Magengrube. (Wir nennen eine Bewegung ›beschleunigt‹, sowohl wenn sie langsamer als auch wenn sie schneller wird; wenn sie langsamer wird, ist die Beschleunigung negativ.) Dasselbe gilt, wenn man ein Gewicht in der Kabine eines Schiffes fallen läßt. Solange das Schiff sich gleichförmig bewegt, verhält sich das Gewicht relativ zur Kabine genauso, wie wenn das Schiff in Ruhe wäre: Wenn es von der Mitte der Decke herunterfällt, trifft es die Mitte des Fußbodens. Wenn aber das Schiff eine Beschleunigung erfährt, verändert sich alles. Wenn die Geschwindigkeit des Schiffes sehr schnell zunimmt, so meint ein Beobachter in der Kabine, daß das Gewicht in einem Bogen in Richtung auf das Heck des Schiffes fällt; wenn die Geschwindigkeit rasch verringert wird, ist der Bogen zum Bug hin gerichtet. Alle diese Tatsachen sind wohlbekannt, und sie haben Galilei und Newton veranlaßt, eine beschleunigte Bewegung als etwas zu betrachten, das seiner Natur nach grundsätzlich verschieden von einer gleichförmigen Bewegung ist. Aber diese Unterscheidung konnte man nur so lange aufrechterhalten, wie man Bewegung als absolut, nicht als relativ ansah. Wenn aber alle Bewegung relativ ist, dann ist es genauso richtig, zu sagen, die Erde sei beschleunigt relativ zum Fahrstuhl wie der Fahrstuhl sei beschleunigt relativ zur Erde. Trotzdem spüren die Leute auf dem Erdboden nichts in ihrer Magengrube, wenn der Fahrstuhl sich nach oben in Bewegung setzt. Das zeigt, wie schwierig unser Problem ist. Obwohl nur wenige Physiker in der neueren Zeit an absolute Bewegung geglaubt haben, so steckte doch in den Techniken der mathematischen Physik immer noch Newtons Glaube an sie, und eine Revolution in der Methode war erforderlich, um zu Verfahren zu gelangen, die frei von dieser Annahme waren. Diese Revolution wurde in Einsteins Allgemeiner Relativitätstheorie vollzogen.

Es ist uns bis zu einem gewissen Grad freigestellt, an welchem Punkt wir bei der Erklärung der neuen Ideen, die Einstein einführte, beginnen, aber vielleicht ist es das beste, wenn wir mit dem Begriff des ›Abstandes‹ anfangen. Dieser Begriff, so wie er in der Speziellen Relativitätstheorie erscheint, ist schon eine Verallgemeinerung der herkömmlichen Vorstellung von räumlicher und zeitlicher Entfernung; er muß jedoch noch weiter verallgemeinert werden. Zuerst ist es aber nötig, ein Stück geschichtlicher Entwicklung zu erläutern, und zu diesem Zweck müssen wir bis zu Pythagoras zurückgehen.

Wie so viele der größten Gestalten in der Geschichte hat auch Pythagoras vielleicht nie gelebt: er ist eine halb mythische Gestalt, die mathematisches Wissen und religiösen Humbug in einem ungewissen Verhältnis miteinander verband. Ich will jedoch einmal annehmen, daß er gelebt hat und daß er den Lehrsatz, der ihm zugeschrieben wird, wirklich entdeckt hat. Er lebte ungefähr zur gleichen Zeit wie Konfuzius und Buddha; er begründete eine religiöse Sekte, die es für Sünde hielt, Bohnen zu essen, und eine mathematische Schule, die sich besonders für rechtwinklige Dreiecke interessierte. Nach dem Satz des Pythagoras (der 47. Proposition des Euklid) ist die Summe der Quadrate über den beiden kürzeren Seiten eines rechtwinkligen Dreiecks gleich dem Quadrat über der dem rechten Winkel gegenüberliegenden Seite. Kein anderer Satz in der ganzen Mathematik hat eine ebenso bemerkenswerte Geschichte wie dieser. Wir alle haben in unserer Jugend gelernt, ihn zu ›beweisen‹. In Wirklichkeit beweist dieser ›Beweis‹ gar nichts, und die einzige Art, den Satz zu beweisen, ist das Experiment. Auch ist der Satz in Wirklichkeit gar nicht *ganz* richtig – er stimmt nur näherungsweise. Trotzdem wurde alles in der Geometrie und später in der Physik von ihm durch fortschreitende Verallgemeinerung abgeleitet. Die letzte dieser Verallgemeinerungen ist die Allgemeine Relativitätstheorie.

Der Lehrsatz des Pythagoras war aller Wahrscheinlichkeit nach selbst die Verallgemeinerung einer ägyptischen Faustregel. Seit langer Zeit hatte man in Ägypten schon gewußt, daß ein Dreieck, dessen Seiten 3, 4 und 5 Einheiten lang sind, rechtwinklig ist; von dieser Kenntnis machten die Ägypter beim Messen ihrer Felder Gebrauch. Wenn also die Seiten eines Dreiecks 3, 4 und 5 cm lang sind, so haben die Quadrate über diesen Seiten in entsprechender Reihenfolge eine Fläche von 9, 16 und 25 cm^2; und 9 und 16 zusammen macht 25. Drei mal drei schreibt man 3^2; vier mal vier 4^2; fünf mal fünf 5^2. Wir haben also

$$3^2 + 4^2 = 5^2$$

Man nimmt an, daß Pythagoras diese Tatsache bemerkte, nachdem er von den Ägyptern gelernt hatte, daß ein Dreieck mit den Seiten 3, 4 und 5 rechtwinklig ist. Er stellte fest, daß sich das verallgemeinern ließ, und gelangte so zu seinem berühmten Lehrsatz: In einem rechtwinkligen Dreieck ist das Quadrat über der dem rechten Winkel gegenüberliegenden Seite gleich der Summe der Quadrate über den beiden anderen Seiten.

Das gleiche gilt auch in drei Dimensionen: Bei einem Quader ist das Quadrat über der Diagonale (der punktierten Linie in der Zeichnung) gleich der Summe der Quadrate über den drei Kanten.

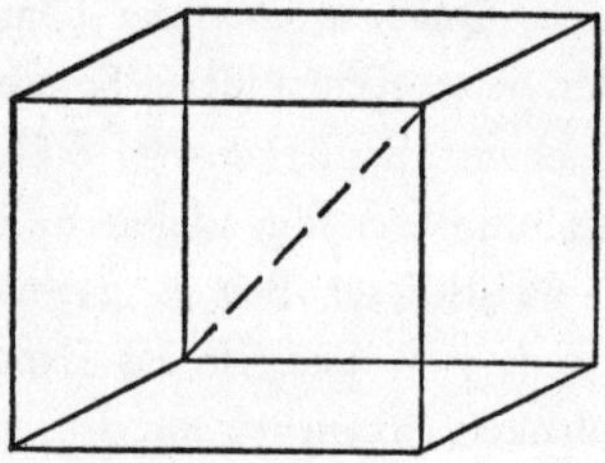

Genau bis zu diesem Punkt kamen die Alten in dieser Sache.

Den nächsten wichtigen Schritt hat Descartes getan, der den Satz des Pythagoras zur Grundlage seiner Methode der analytischen Geometrie machte. Angenommen, wir wollen alle Orte in einer Ebene systematisch in eine Karte eintragen. (Wir stellen uns vor, die Ebene sei so klein, daß wir die Krümmung der Erdoberfläche ignorieren können.) Wir nehmen weiter an, daß wir in der Mitte der Ebene wohnen. Dann besteht eine der einfachsten Arten, die Lage eines Ortes zu beschreiben, darin, daß man sagt: Gehen Sie von meinem Haus aus erst soundso weit nach Osten und dann soundso weit nach Norden (oder es kann auch Westen im ersten Fall und Süden im zweiten sein). Das gibt genau an, wo der Ort ist. In den rechtwinkligen Städten Amerikas ist das die natürliche Methode: In New York sagt man uns, wir sollen soundso viele Häuserblocks nach Osten (oder Westen) und dann soundso viele Blocks nach Norden (oder Süden) gehen.

Nennen wir den Weg, den wir nach Osten gehen müssen, x und den Weg nach Norden y. (Wenn wir nach Westen gehen müssen, ist x negativ; wenn wir nach Süden gehen müssen, ist y negativ.) O sei unser Ausgangspunkt (der ›Ursprung‹); OM

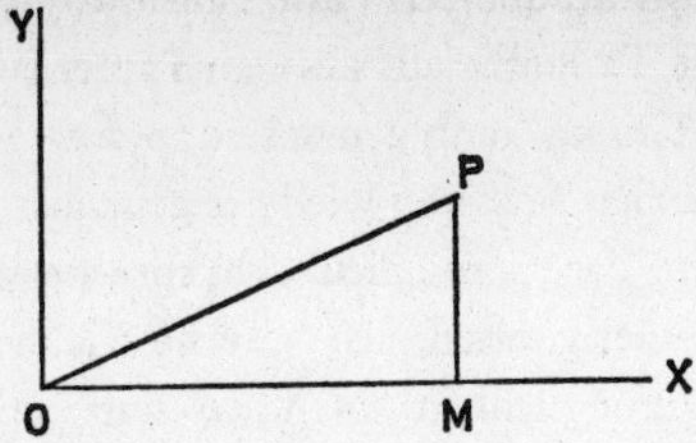

möge die Strecke nach Osten und MP die Strecke nach Norden sein. Wie weit sind wir in gerader Linie vom Ausgangspunkt entfernt, wenn wir P erreichen? Der Satz des Pythagoras gibt uns die Antwort. Das Quadrat über OP ist gleich der Summe der Quadrate über OM und MP. Wenn OM 4 km lang ist und MP 3, dann ist OP 5 km lang, wenn OM 12 km lang ist und MP 5 km, dann ist OP 13 km lang; denn $12^2 + 5^2 = 13^2$. Wenn wir also die Methode des Kartographierens von Descartes übernehmen, so ist der Satz des Pythagoras wesentlich, da er uns die Entfernung von Ort zu Ort liefert. In drei Dimensionen ist die Sache genau analog. Angenommen, wir wollen anstatt bloß Punkte in der Ebene Stationen für Fesselballons über der Ebene festlegen; in diesem Fall müssen wir eine dritte Größe hinzunehmen, nämlich die Höhe, in der die Ballons sich befinden sollen. Wenn wir die Höhe z nennen und wenn r die direkte Entfernung von O zum Ballon ist, erhalten wir die Gleichung

$$r^2 = x^2 + y^2 + z^2,$$

und hieraus können wir r berechnen, wenn wir x, y und z kennen. Wenn man den Ballon zum Beispiel erreichen kann, indem man 12 km nach Osten, 4 km nach Norden und schließlich 3 km senkrecht nach oben geht, so beträgt die Entfernung in gerader Linie vom Ballon 13 km; denn $12 \times 12 = 144$, $4 \times 4 = 16$, $3 \times 3 = 9$, $144 + 16 + 9 = 169 = 13 \times 13$.

Nun wollen wir aber einmal annehmen, daß wir statt von einem kleinen Stück der Erdoberfläche, das als eben betrachtet werden kann, von der ganzen Erde eine Karte herstellen wollen. Eine genaue Erdkarte auf ebenem Papier herzustellen, ist unmöglich. Ein Globus kann genau sein in dem Sinne, daß alles in ein und demselben Maßstab wiedergegeben ist, aber bei einer ebenen Karte ist das unmöglich. Ich spreche hier nicht von praktischen Schwierigkeiten, ich spreche vielmehr von einer theoretischen Unmöglichkeit. Nehmen wir ein Beispiel: Die nördlichen Hälften des Meridians von Greenwich und des 90. Meridians westlicher Länge bilden zusammen mit dem Stück des Äquators, das zwischen ihnen liegt, ein Dreieck, dessen Seiten alle gleich und dessen Winkel alle Rechte sind. In der Ebene wäre ein derartiges Dreieck unmöglich. Andererseits ist es in der Ebene möglich, ein Quadrat zu zeichnen, auf einer Kugel ist es dagegen unmöglich. Angenommen, Sie machen auf der Erde den Versuch, erst 100 km nach Westen, dann 100 km nach Norden, dann 100 km nach Osten und schließlich 100 km nach Süden zu gehen. Sie denken vielleicht, daß Sie damit ein Quadrat beschrieben hätten, aber das stimmt nicht, weil Sie am Schluß nicht zu Ihrem Ausgangspunkt zurückgekommen wären. Wenn Sie Zeit haben, können Sie sich selbst durch ein Experiment davon überzeugen. Wenn nicht, so können Sie doch leicht einsehen, daß es so sein muß. Wenn wir näher am Pol sind, führen uns 100 km über eine größere Zahl von Längengraden hinweg, als wenn wir näher am Äquator sind, so daß wir am Ende unserer 100 km in östlicher Richtung (wenn wir uns auf der nördlichen Halbkugel befinden) zu einem Punkt kommen, der weiter östlich als unser Ausgangspunkt liegt. Auch wenn wir von da aus genau nach Süden gehen, bleiben wir weiter östlich als unser Ausgangspunkt. Betrachten wir noch ein anderes Beispiel: Angenommen, wir beginnen unseren Weg am Äquator 6000 km östlich vom Meridian von Greenwich; wir gehen so lange, bis wir diesen Meridian erreichen, dann gehen wir 6000 km auf ihm entlang nach Norden, über Greenwich und bis hinauf in die Gegend der Shetland-Inseln; dann gehen wir 6000 km nach Osten und schließlich 6000 km nach Süden.

Damit werden wir einen Punkt auf dem Äquator erreichen, der ungefähr 6000 km weiter östlich ist als der, von dem wir ausgegangen sind.

In gewissem Sinne ist allerdings das, was wir gerade gesagt haben, nicht ganz sauber, denn außer am Äquator ist ein Weg genau in östlicher Richtung nicht die kürzeste Verbindung von einem Ort zu einem anderen, der genau östlich vom ersten liegt. Fährt ein Schiff von New York, sagen wir, nach Lissabon, das fast genau östlich von New York liegt, so steuert es zunächst einen etwas nördlichen Kurs. Es fährt auf einem ›Großkreis‹, das heißt einem Kreis, dessen Mittelpunkt der Mittelpunkt der Erde ist. Das ist die weitestgehende Annäherung an eine gerade Linie, die auf der Erdoberfläche möglich ist. Meridiane sind solche Großkreise, ebenso auch der Äquator, aber nicht die anderen Breitenkreise. Wir hätten deshalb in unserem Beispiel annehmen sollen, daß wir von den Shetland-Inseln aus die 6000 km nicht genau in östlicher Richtung zurücklegen, sondern auf einem Großkreis, auf dem wir zu einem Punkt genau im Osten der Shetland-Inseln gelangen. Das verstärkt jedoch nur unsere Schlußfolgerung: wir werden nämlich jetzt an einem Punkt ankommen, der noch weiter östlich vom Ausgangspunkt liegt als der vorige.

Worin bestehen nun die Unterschiede zwischen der Geometrie auf der Kugel und der Geometrie in der Ebene? Wenn man auf der Erdkugel ein Dreieck zeichnet, dessen Seiten Großkreise sind, stellt man fest, daß die Winkel des Dreiecks zusammen nicht zwei rechte Winkel ergeben: Die Winkelsumme ist um einiges größer. Der Betrag, um den sie zwei rechte Winkel übersteigt, ist proportional zur Größe des Dreiecks. Bei einem kleinen Dreieck, wie man es mit Seilen auf einem Rasenplatz herstellen kann, oder sogar bei einem Dreieck, das von drei Schiffen gebildet wird, die einander gerade noch sehen können, ist die Winkelsumme um einen so geringen Betrag größer als zwei rechte Winkel, daß man es gar nicht feststellen kann. Wenn wir aber das Dreieck nehmen, das der Äquator, der Meridian von Greenwich und der 90. Meridian bilden, dann ist die Winkelsumme *drei* rechte. Und es gibt sogar Dreiecke, bei denen die Winkelsumme bis zu sechs rechten Winkeln beträgt. All das kann man schon durch Messungen auf der Erdoberfläche feststellen, ohne daß man sich um irgend etwas im übrigen Raum kümmern muß.

Der Satz des Pythagoras versagt ebenfalls bei Entfernungen auf der Kugel. Vom Standpunkt eines Reisenden, der an die Erdoberfläche gebunden ist, ist die Entfernung zwischen zwei Orten die Entfernung auf ihrem Großkreis, das heißt der kürzeste Weg, den ein Mensch nehmen kann, ohne die Erdoberfläche zu verlassen. Stellen wir uns nun vor, wir nehmen drei Stücke von Großkreisen, die zusammen ein Dreieck bilden, und stellen wir uns weiter vor, daß eines von ihnen einen rechten Winkel mit einem anderen bildet – das eine sei, um ein konkretes Beispiel zu nehmen, ein Stück des Äquators und das zweite ein Stück des Meridians von Greenwich, das vom Äquator aus nach Norden verläuft. Angenommen, wir gehen 3000 km auf dem Äquator entlang und dann 4000 km genau nach Norden; wie weit entfernt werden wir dann von unserem Ausgangspunkt sein, wenn wir die Entfernung auf einem Großkreis messen? In der Ebene wäre unsere Entfernung, wie wir schon gesehen haben, 5000 km. Auf dem Großkreis jedoch beträgt unsere Entfernung beträchtlich weniger. In einem rechtwinkligen Dreieck auf einer Kugel ist das Quadrat auf der dem rechten Winkel gegenüberliegenden Seite kleiner als die Summe der Quadrate über den anderen beiden Seiten.

Diese Unterschiede zwischen der Geometrie auf der Kugel und der Geometrie in der Ebene sind innere Unterschiede dieser Flächen, das heißt, sie ermöglichen es uns, herauszufinden, ob die Fläche, auf der wir leben, einer Ebene oder einer Kugeloberfläche gleicht, ohne daß wir uns um irgend etwas außerhalb der Fläche kümmern müßten. Solche Überlegungen führten zum nächsten wichtigen Schritt in unserer Frage. Er wurde von Gauß getan, der seine großen Leistungen vor 150 Jahren vollbrachte. Er befaßte sich mit der Theorie der Flächen und zeigte, wie man sie mit Hilfe von Messungen auf der Fläche selbst entwickeln konnte, ohne die Fläche zu verlassen. Um die Lage eines Punktes im Raum festzulegen, brauchen wir drei Angaben; um jedoch die Lage eines Punktes auf einer Fläche festzulegen, brauchen wir nur zwei – so ist zum Beispiel ein Punkt auf der Erdoberfläche bestimmt, wenn wir seine geographische Länge und Breite kennen.

Gauß fand nun heraus, daß es immer eine Methode gibt, die Entfernung zwischen zwei nicht sehr entfernten Punkten einer Fläche zu berechnen, wenn man die Größen kennt, durch die ihre Lage bestimmt ist – welches Maßsystem man auch benutzt und wie die Fläche auch immer beschaffen sein mag. Die Formel für die Entfernung ist eine Verallgemeinerung der Formel des Pythagoras; sie gibt uns das Quadrat der Entfernung, ausgedrückt durch die Quadrate der Differenzen zwischen den Größen, durch die die Punkte festgelegt sind, und durch das Produkt dieser Differenzen. Wenn man diese Formel kennt, kann man alle zur Fläche selbst gehörigen Eigenschaften finden, das heißt alle die Eigenschaften, die nicht von Beziehungen zu Punkten außerhalb der Fläche abhängen. Man kann zum Beispiel herausfinden, ob die Winkelsumme eines Dreiecks zwei Rechte ergibt oder größer oder kleiner ist, oder ob sie in einigen Fällen größer und in anderen kleiner ist.

Aber wenn wir von einem ›Dreieck‹ sprechen, müssen wir erklären, was wir damit meinen, weil es nämlich auf den meisten Flächen keine geraden Linien gibt. Auf der Kugel nehmen wir an Stelle von Geraden Großkreise, die die weitestgehende Annäherung an gerade Linien sind. Im allgemeinen nehmen wir statt gerader Linien solche, die die kürzeste Verbindung auf der Fläche von Ort zu Ort darstellen. Diese Linien heißen ›Geodäten‹. Auf der Erde sind die Geodäten Großkreise. Im allgemeinen sind sie der kürzeste Weg, um von einem Punkt zum anderen zu gelangen, wenn man die Fläche nicht verlassen kann. Sie treten in der inneren Geometrie der Fläche an die Stelle von

Geraden. Wenn wir fragen, ob die Winkelsumme eines Dreiecks zwei Rechte beträgt, so sprechen wir von einem Dreieck, dessen Seiten Geodäten sind. Und wenn wir von der Entfernung zwischen zwei Punkten sprechen, so meinen wir die Entfernung auf einer Geodäte.

Der nächste Schritt in unserem Verallgemeinerungsprozeß ist ziemlich schwierig: Es ist der Übergang zur nicht-euklidischen Geometrie. Wir leben in einer Welt, in der der Raum drei Dimensionen hat, und unsere empirische Kenntnis vom Raum gründet sich auf das Messen von kleinen Entfernungen und von Winkeln. (Wenn ich von kleinen Entfernungen spreche, meine ich solche, die klein sind im Vergleich zu Entfernungen in der Astronomie; alle Entfernungen auf der Erde sind in diesem Sinne klein.) Man glaubte früher, daß man *a priori* sicher sein könne, daß der Raum euklidisch sei – zum Beispiel, daß die Winkelsumme eines Dreiecks zwei Rechte betrage. Aber man erkannte dann, daß sich das nicht durch bloßes Nachdenken beweisen ließ; wenn man es überhaupt wissen konnte, so nur als Ergebnis von Messungen. Vor Einstein dachte man, daß Messungen die Euklidische Geometrie innerhalb der Grenzen der erreichbaren Genauigkeit bestätigten; heute glaubt man das nicht mehr. Zwar können wir durch eine Methode, die man als einen natürlichen Kunstgriff bezeichnen könnte, die Euklidische Geometrie noch immer für ein kleines Gebiet wie zum Beispiel die Erde gültig *erscheinen* lassen; aber bei der Erklärung der Schwerkraft ist Einstein zu der Ansicht gelangt, daß man in großen Gebieten, in denen sich Materie befindet, den Raum nicht als euklidisch betrachten kann. Die Gründe hierfür werden uns später beschäftigen. Was uns jetzt beschäftigt, ist die Weise, auf die sich die nichteuklidische Geometrie aus einer Verallgemeinerung der Arbeiten von Gauß ergibt.

Es gibt keinen Grund, warum im dreidimensionalen Raum nicht dieselben Verhältnisse herrschen sollten wie zum Beispiel auf der Oberfläche einer Kugel. Es könnte sein, daß die Winkelsumme eines Dreiecks immer größer wäre als zwei Rechte und daß der Betrag, um den es 180° übersteigt, der Größe des Dreiecks proportional wäre. Es könnte sein, daß die Entfernung zwischen zwei Punkten durch eine Formel gegeben wäre analog der, die auf der Oberfläche der Kugel gilt, nur daß sie drei statt zwei Größen enthielte. Ob das so ist oder nicht, kann nur durch Messungen festgestellt werden. Es gibt unendlich viele solcher Möglichkeiten.

Diesen Gedankengang hat Riemann in seiner Dissertation »Über die Hypothesen, welche der Geometrie zugrunde liegen« (1854) entwickelt, in der er die Flächentheorie von Gauß auf verschiedene Arten von dreidimensionalen Räumen anwandte. Er zeigte, daß alle wesentlichen Eigenschaften eines solchen Raumes aus der Formel für kleine Entfernungen abgeleitet werden konnten. Er nahm an, daß man aus den kleinen Strecken in drei gegebenen Richtungen, die zusammen von einem Punkt zu einem anderen nicht weit entfernten führen, die Entfernung zwischen den beiden Punkten berechnen kann. Wenn wir zum Beispiel wissen, daß wir von einem Punkt zu einem anderen gelangen können, indem wir uns erst eine gewisse Strecke nach Osten, dann eine gewisse Strecke nach Norden und schließlich eine gewisse Strecke senkrecht nach oben in die Luft bewegen, dann sollten wir imstande sein, die Entfernung von dem einen Punkt zum anderen zu berechnen. Und die Formel dafür sollte eine Verallgemeinerung des Pythagoräischen Lehrsatzes sein, in dem Sinne, daß man zu dem Quadrat der zu untersuchenden Entfernung kommt, indem man Vielfache der Quadrate der Entfernungskomponenten und vielleicht noch Vielfache ihrer Produkte addiert. Aus gewissen charakteristischen Eigenschaften der Formel läßt sich erkennen, um welche Art von Raum es sich handelt. Diese Eigenschaften hängen nicht ab von der besonderen Methode, nach der man die Lage der Punkte bestimmt hat.

Um das zu erhalten, was wir für die Relativitätstheorie brauchen, müssen wir nun noch eine weitere Verallgemeinerung vornehmen: Wir müssen die Entfernung zwischen zwei Punkten durch den ›Abstand‹ zwischen zwei Ereignissen ersetzen. Dies führt uns zum Raum-Zeit-Kontinuum. Wir haben schon gesehen, daß man in der Speziellen Relativitätstheorie das Quadrat des Abstandes erhält, wenn man das Quadrat der (räumlichen) Entfernung zwischen den Ereignissen subtrahiert von dem Quadrat der Entfernung, die das Licht in der zwischen den Ereignissen liegenden Zeit durchlaufen würde. In der Allgemeinen Relativitätstheorie setzen wir nicht voraus, daß der Abstand diese spezielle Form hat. Wir setzen zunächst nur eine allgemeine Form voraus, die gleiche, die Riemann für Entfernungen benutzt hat. Außerdem nimmt Einstein ebenso wie Riemann diese Formel nur für *benachbarte* Ereignisse an, das heißt für solche, die nur durch einen geringen Abstand voneinander getrennt sind. Alles was über diese zu Beginn gemachten Annahmen hinausgeht, hängt auf eine Weise, die wir in späteren Kapiteln erklären werden, von Beobachtungen über die tatsächliche Bewegung von Körpern ab.

Wir können jetzt die Entwicklung, die wir beschrieben haben, zusammenfassend wiederholen. In drei Dimensionen kann die Lage eines Punktes relativ zu einem festen Punkt (dem ›Ursprung‹) durch die Angabe dreier Größen (›Koordinaten‹) bestimmt werden. Die Position eines Ballons relativ zu unserem Haus ist festgelegt, wenn wir wissen, daß wir ihn erreichen, indem wir zuerst eine gegebene Strecke nach Osten, dann eine weitere gegebene Strecke nach Norden, dann eine dritte gegebene Strecke senkrecht nach oben gehen. Wenn die drei Koordinaten, wie in diesem Fall, drei senkrecht aufeinanderstehende Strecken sind, die, nacheinander durchlaufen, vom Ursprung zu dem gesuchten Punkt führen, erhält man das Quadrat der direkten Entfernung von dem Punkt, indem man die Quadrate der drei Koordinaten addiert. In allen Fällen, sowohl in euklidischen als auch in nichteuklidischen Räumen, erhält man es durch Addition von Vielfachen der Quadrate und Produkte der Koordinaten nach einer angebbaren Regel. Als Koordinaten können alle Größen dienen, die die Lage eines Punktes bestimmen, vorausgesetzt, daß benachbarte Punkte benachbarte Größen als Koordinaten haben. In der Allgemeinen Relativitätstheorie nehmen wir eine vierte Koordinate für die Zeit hinzu, und unsere Formel ergibt den ›Abstand‹ statt der räumlichen Entfernung; außerdem nehmen wir die Gültigkeit unserer Formel nur für kleine Entfernungen an.

Jetzt sind wir endlich in der Lage, die Einsteinsche Gravitationstheorie in Angriff zu nehmen.

8. Kapitel

Einsteins Gravitationsgesetz

Bevor wir uns mit Einsteins neuem Gesetz befassen, ist es gut, wenn wir uns davon überzeugen, daß das Newtonsche Gravitationsgesetz aus logischen Gründen nicht ganz richtig sein kann.

Newton sagte, daß zwischen zwei beliebigen materiellen Teilchen eine Kraft besteht, die proportional zum Produkt ihrer Massen und umgekehrt proportional zum Quadrat ihrer Entfernung ist. Das bedeutet (wenn wir im Augenblick das Problem der Masse übergehen): Wenn eine bestimmte Anziehungskraft zu einem Zeitpunkt wirkt, in dem die Teilchen einen Kilometer voneinander entfernt sind, dann wird nur ein Viertel dieser Kraft wirken, wenn sie zwei Kilometer Abstand haben, und nur ein Neuntel, wenn sie drei Kilometer voneinander entfernt sind, und so fort: die Anziehungskraft nimmt sehr viel schneller ab, als der Abstand wächst. Nun meinte Newton, wenn er von Entfernung sprach, natürlich die Entfernung zu einer gegebenen Zeit: Er dachte, daß im Zusammenhang mit der Zeit keine Mehrdeutigkeiten möglich seien. Aber wir haben gesehen, daß das ein Fehler war. Was nach dem Urteil des einen Beobachters derselbe Moment auf der Erde und der Sonne ist, das sind zwei verschiedene Momente nach dem Urteil eines anderen. ›Entfernung zu einem bestimmten Zeitpunkt‹ ist deshalb ein subjektiver Begriff, der schwerlich in ein kosmisches Gesetz eingehen kann. Natürlich könnten wir unser Gesetz eindeutig machen, indem wir sagten, daß wir nach der Zeit des Observatoriums von Greenwich rechnen wollen. Aber wir können kaum annehmen, daß die zufälligen Umstände, in denen sich die Erde befindet, es verdienen, so ernst genommen zu werden. Es kommt hinzu, daß auch das Urteil über Längen für verschiedene Beobachter verschieden ist. Wir müssen daher zugeben, daß die Newtonsche Form des Gravitationsgesetzes nicht ganz korrekt sein kann, da es verschiedene Resultate liefert, je nachdem, welche von vielen gleichberechtigten Konventionen wir zugrunde legen. Das ist so absurd, wie wenn die Frage, ob ein Mann einen anderen umgebracht hat, davon abhängen sollte, ob man die beiden mit ihrem Vor- oder Nachnamen bezeichnet. Es ist selbstverständlich, daß die Naturgesetze dieselben sein müssen, ob man nun Entfernungen in Meilen oder Kilometern mißt, und wir haben es hier mit etwas zu tun, was im wesentlichen nur eine Erweiterung desselben Prinzips ist.

Unsere Messungen hängen in noch größerem Maß von Übereinkünften ab, als es die Spezielle Relativitätstheorie zugibt. Darüber hinaus ist jede Messung ein physikalischer Prozeß, ausgeführt mit physikalischen Objekten; ihr Ergebnis ist sicherlich ein experimentelles Datum, aber es ist möglicherweise nicht einer so einfachen Interpretation zugänglich, wie wir sie ihm zu geben gewohnt sind. Wir wollen deshalb zunächst nicht annehmen, daß wir wissen, wie man irgend etwas mißt. Wir nehmen an, daß es eine gewisse physikalische Größe, genannt ›Abstand‹, gibt, die eine Beziehung zwischen zwei Ereignissen ausdrückt, die nicht weit voneinander entfernt sind; aber wir wollen nicht im voraus annehmen, daß wir wissen, wie man sie mißt; nur nehmen wir als gesichert an, daß sie durch irgendeine Verallgemeinerung des Satzes von Pythagoras gegeben ist, von der Art, wie wir sie im vorigen Kapitel besprochen haben.

Wir nehmen jedoch an, daß es eine *Ordnung* der Ereignisse gibt und daß diese Ordnung vierdimensional ist. Das heißt, wir nehmen an, daß wir wissen, was wir mit der Aussage meinen, ein bestimmtes Ereignis sei näher an einem anderen als ein drittes, so daß wir vor der Durchführung genauer Messungen von der ›Umgebung‹ eines Ereignisses sprechen können; und wir nehmen an, daß man zur Festlegung der Position eines

Ereignisses im Raum-Zeit-Kontinuum vier Größen (Koordinaten) braucht – zum Beispiel in unserem früheren Beispiel der Explosion auf einem Luftschiff geographische Breite und Länge sowie Höhe und Zeit. Aber wir machen keine Annahme über die Art und Weise der Zuordnung dieser Koordinaten zu Ereignissen außer der, daß benachbarten Ereignissen benachbarte Koordinaten zugeordnet werden.

Die Art, in der diese Zahlen, die wir Koordinaten nennen, den Ereignissen zugeordnet werden sollen, ist weder ganz willkürlich noch Ergebnis einer sorgfältigen Messung, sondern liegt irgendwo dazwischen. Während man irgendeine kontinuierliche Reise macht, dürfen sich die Koordinaten nicht in plötzlichen Sprüngen ändern. In Amerika findet man manchmal, daß die Häuser zum Beispiel zwischen der 14. und 15. Straße Nummern zwischen 1400 und 1500 haben, während die zwischen der 15. und 16. Straße Nummern zwischen 1500 und 1600 haben, auch wenn das 15. Hundert noch nicht aufgebraucht ist. So etwas wäre für unsere Zwecke nicht geeignet, weil beim Übergang von einem Block zum nächsten ein plötzlicher Sprung stattfindet. Oder wir könnten die Zeitkoordinaten folgendermaßen festlegen: Wir nehmen die Zeit, die zwischen zwei aufeinanderfolgenden Geburten von Kindern mit Namen Smith liegt; ein Ereignis, das zwischen der Geburt des 3000. und des 3001. historisch bekannten Smith geschieht, soll eine Koordinate zwischen 3000 und 3001 haben; der Teil seiner Koordinate hinter dem Komma soll gleich dem Bruchteil eines Jahres sein, der seit der Geburt des 3000. Smith vergangen ist. (Natürlich könnte nie ein ganzes Jahr zwischen zwei aufeinanderfolgenden Neuzugängen zu der Gemeinde der Smiths liegen.) Diese Weise, die Zeitkoordinate festzulegen, ist völlig eindeutig, aber für unsere Zwecke nicht zulässig, weil es plötzliche Sprünge gäbe zwischen Ereignissen unmittelbar vor der Geburt eines Smith und solchen unmittelbar danach, so daß bei einer kontinuierlichen Reise die Zeitkoordinate sich nicht kontinuierlich ändern wird. Dabei ist angenommen, daß wir unabhängig von Messungen wissen, was eine kontinuierliche Reise ist. Und wenn unsere Position im Raum-Zeit-Kontinuum sich stetig ändert, so muß sich jede unserer vier Koordinaten stetig ändern. Eine, zwei oder drei ändern sich möglicherweise überhaupt nicht; aber welche Änderung auch eintritt, sie muß allmählich vor sich gehen, ohne plötzliche Sprünge. Damit ist erklärt, was wir bei der Zuordnung von Koordinaten *nicht* zulassen können.

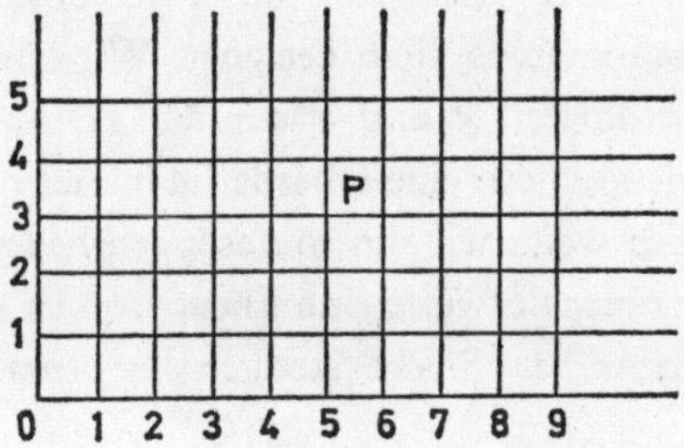

Um all die Änderungen des Koordinatensystems, die erlaubt sind, zu erklären, wollen wir uns vorstellen, wir hätten einen großen weichen Radiergummi. Wir messen kleine Quadrate von 1 mm Seitenlänge auf ihm ab, während er in unverzerrtem Zustand ist. In die Ecken der Quadrate stecken wir kleine, dünne Nadeln. Wir können zwei der Koordinaten einer dieser Nadeln folgendermaßen wählen: Wir nehmen die Zahl der Nadeln, an denen wir vorbeikommen, wenn wir, ausgehend von einer gegebenen Nadel, nach rechts bis genau unter die in Frage stehende Nadel gehen; weiter nehmen wir die Zahl der Nadeln, an denen wir vorbeikommen, wenn wir nach oben zu unserer Nadel gehen. In der Zeichnung sei O die Nadel, von der wir starten, und P die Nadel, der wir Koordinaten zuordnen wollen. P steht in der 5. Spalte und der 3. Zeile, also sind ihre Koordinaten in der Ebene des Gummis 5 und 3. Jetzt nehmen wir den Gummi und dehnen und verdrillen ihn, soviel wir wollen. Die Nadeln sollen sich nun in einer Anordnung wie auf der zweiten Zeichnung befinden. Die Unterteilung der Fläche be-

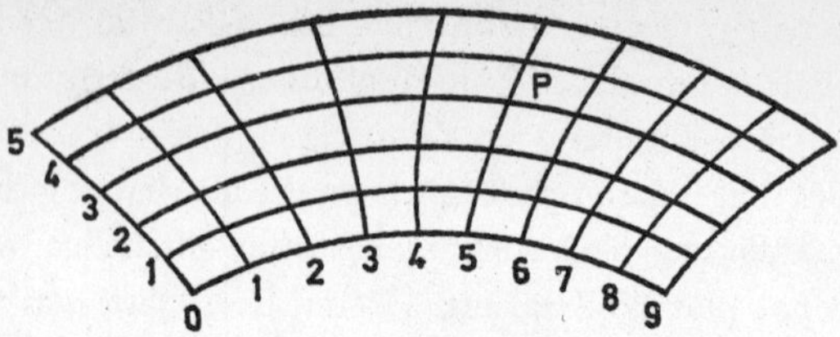

steht jetzt nicht mehr aus Linien gleicher Entfernung (nach unseren üblichen Begriffen), aber sie ist immer noch so gut wie vorher als Koordinatensystem geeignet. Wir können P immer noch die Koordinaten 5 und 3 auf der Fläche des Gummis geben; und wir können seine Oberfläche immer noch als Ebene betrachten, auch wenn wir ihn so verbogen haben, daß sie mit dem, was wir normalerweise eine Ebene nennen würden, keine Ähnlichkeit mehr hat. Solche stetigen Deformationen spielen keine Rolle.

Ein anderes Beispiel: Anstatt einen Maßstab aus Stahl zur Festlegung unserer Koordinaten zu verwenden, wollen wir einen lebenden Aal dafür nehmen, der sich die ganze Zeit windet. Die Entfernung vom Schwanz zum Kopf des Aals soll als 1 für unser Koordinatensystem zählen, ganz gleich, welche Form das Tier gerade annimmt. Der Aal ist kontinuierlich, und seine Schlängelbewegungen sind es ebenfalls, also können wir ihn als Entfernungseinheit bei der Festlegung von Koordinaten nehmen. Außer der Forderung der Stetigkeit ist die Methode der Festlegung von Koordinaten eine reine Frage der Übereinkunft, und deshalb ist ein lebender Aal dafür so gut geeignet wie ein Stahlstab.

Wir sind geneigt, zu denken, daß für wirklich sorgfältige Messungen die Verwendung eines Stahlmaßstabs besser ist als die eines lebenden Aals. Das ist ein Irrtum; nicht deshalb, weil der Aal uns eine Information liefern kann, die man vom Stahlstab erwartet hätte, sondern weil der Stahlstab in Wirklichkeit nicht mehr liefert, als es offensichtlich der Aal tut. Der springende Punkt ist nicht, daß Aale in Wirklichkeit starr sind, sondern daß Stahlstäbe in Wirklichkeit sich schlängeln wie ein Aal. Einem Beobachter in genau einem möglichen Bewegungszustand würde der Aal starr erscheinen, während der Stahlstab sich gerade so zu winden schiene, wie es der Aal für uns tut. Für jeden, der sich anders bewegt als dieser Beobachter und wir, würden sich der Aal und der Stab zu schlängeln scheinen. Und hier kann man nicht sagen, ein Beobachter hat recht und der andere unrecht. Bei solchen Dingen hängt das, was man sieht, nicht allein von dem beobachteten Prozeß ab, sondern auch vom Standpunkt des Beobachters. Messungen von Entfernungen und Zeitspannen geben nicht direkt Eigenschaften der gemessenen Objekte wieder, sondern Beziehungen der Objekte zu dem Messenden. Was uns Beobachtung über die physikalische Welt sagen kann, ist deshalb abstrakter, als wir bisher geglaubt haben.

Es ist wichtig, sich klarzumachen, daß Geometrie, wie sie seit den alten Griechen in Schulen gelehrt wird, als eigene Wissenschaft zu existieren aufhört und in der Physik aufgeht. Die zwei Grundbegriffe der Elementargeometrie waren Gerade und Kreis. Was Ihnen wie eine gerade Straße vorkommt, deren Teile alle in diesem Augenblick existieren, kann einem anderen Beobachter wie der Flug einer Rakete vorkommen, wie eine Art Kurve, deren Teile nacheinander entstehen. Der Kreis beruht auf Entfernungsmessungen, da er aus allen Punkten besteht, die von seinem Mittelpunkt eine gegebene Entfernung haben. Und Messung von Entfernungen ist, wie wir gesehen haben, eine subjektive Sache, die vom Bewegungszustand des Beobachters abhängt. Daß der Kreis als objektiver Begriff versagt, wurde durch das Michelson-Morley-Experiment gezeigt und ist so in gewissem Sinn der Ausgangspunkt der ganzen Relativitätstheorie. Starre Körper, die wir für Messungen benötigen, sind nur für gewisse Beobachter starr; für andere ändern sie all ihre Dimensionen ständig. Es sind nur unsere hartnäckig an die Erde gebundenen Vorstellungen, die uns auf die Idee bringen, eine von der Physik unabhängige Geometrie sei möglich.

Deshalb bemühen wir uns nicht, unseren Koordinaten von

Anfang an physikalische Bedeutung zu geben. Früher nahm man von den in der Physik benutzten Koordinaten an, sie seien sorgfältig gemessene Entfernungen; jetzt merken wir, daß diese Sorgfalt am Beginn nutzlos ist. Erst in einem späteren Stadium ist Sorgfalt erforderlich. Unsere Koordinaten sind jetzt kaum mehr als eine systematische Art, Ereignisse zu katalogisieren. Aber die Mathematik bietet im Tensorkalkül eine so ungeheuer leistungsfähige Technik, daß wir Koordinaten, die in dieser offensichtlich sorglosen Weise gewählt worden sind, genauso effektiv verwenden können, wie wenn wir die ganze Technik minuziös genauer Messungen angewandt hätten, um sie zu erhalten. Der Vorteil der Sorglosigkeit am Anfang liegt darin, daß wir stillschweigende physikalische Annahmen vermeiden, die wir kaum umgehen können, wenn wir annehmen, daß unsere Koordinaten von vornherein eine bestimmte physikalische Bedeutung haben.

Es ist aber nicht notwendig, daß wir versuchen, unter Vernachlässigung aller beobachteten physikalischen Phänomene vorzugehen. Wir wissen bestimmte Dinge. Wir wissen, daß die alte Newtonsche Physik fast völlig genau stimmt, wenn wir unsere Koordinaten auf bestimmte Art gewählt haben. Wir wissen, daß die Spezielle Relativitätstheorie für geeignete Koordinaten noch genauer stimmt. Von diesen Tatsachen können wir gewisse Eigenschaften unserer neuen Koordinaten ableiten, die in einer logischen Deduktion als Axiome der neuen Theorie erscheinen. Als solche Axiome nehmen wir:

1. Der raumzeitliche Abstand zwischen benachbarten Ereignissen hat eine allgemeine Form, die der von Riemann für Entfernungen verwendeten gleicht.

2. Jeder Körper bewegt sich auf einer Geodäte im Raum-Zeit-Kontinuum, außer wenn nichtgravitative Kräfte auf ihn wirken.

3. Ein Lichtstrahl bewegt sich auf einer solchen Geodäte, daß der Abstand zwischen zwei beliebigen Teilen von ihr gleich Null ist.

Jedes dieser Axiome erfordert einige Erläuterungen.

Unser erstes Axiom fordert, daß zwei Ereignisse, wenn sie eng benachbart sind (sonst aber nicht unbedingt), einen Abstand haben, der aus den Differenzen zwischen ihren Koordinaten berechnet werden kann nach einer Formel von der Art, wie wir sie im vorigen Kapitel betrachtet haben. Das heißt, wir nehmen die Quadrate und Produkte der Koordinatendifferenzen, multiplizieren sie mit geeigneten Faktoren (die im allgemeinen von Punkt zu Punkt variieren werden) und addieren die Ergebnisse. Die so erhaltene Summe ist das Quadrat des Abstands. Wir nehmen nicht von vornherein an, daß wir die Faktoren kennen, mit denen die Quadrate und Produkte multipliziert werden müssen; das werden wir dann durch die Beobachtung physikalischer Phänomene herausfinden. Aber wir wissen, weil Riemanns Mathematik es zeigt, daß wir in jedem kleinen Raum-Zeit-Gebiet die Koordinaten so wählen können, daß der Abstand fast genau die spezielle Form hat, die wir in der Speziellen Relativitätstheorie gefunden haben. Für die Anwendung der Speziellen Relativitätstheorie auf ein begrenztes Gebiet ist es nicht notwendig, daß in dem Gebiet keine Gravitation vorhanden ist; es genügt, wenn die Stärke der Schwerkraft in dem Gebiet praktisch konstant ist. Das ermöglicht es uns, die Spezielle Relativitätstheorie innerhalb jedes kleinen Gebiets anzuwenden. Wie klein es zu sein hat, hängt von der Umgebung ab. Auf der Erdoberfläche müßte es klein genug sein, daß man die Krümmung der Erdoberfläche vernachlässigen kann. In den Räumen zwischen den Planeten muß es nur so klein sein, daß darin die Anziehungskraft der Sonne und der Planeten als konstant angesehen werden kann. Im interstellaren Raum kann das Gebiet ungeheuer groß sein – zum Beispiel die halbe Entfernung von einem Stern zum nächsten –, ohne daß man dadurch meßbare Ungenauigkeiten einführt.

Wir können also in großer Entfernung von gravitierender Materie unsere Koordinaten so wählen, daß wir fast genau einen euklidischen Raum erhalten; das ist nur eine andere Ausdrucksweise dafür, daß die Spezielle Relativitätstheorie gilt. In der Umgebung von Materie können wir zwar immer noch unseren Raum in einem sehr kleinen Gebiet fast genau euklidisch machen, aber nicht mehr in irgendeinem Gebiet, in dem die Schwerkraft merklich variiert – zumindest müßten wir, wenn wir so vorgingen, den im zweiten Axiom formulierten Standpunkt aufgeben, daß Körper, die allein unter dem Einfluß der Schwerkraft stehen, sich auf Geodäten bewegen.

Wir haben gesehen, daß eine Geodäte auf einer Fläche die kürzeste Linie ist, die auf der Fläche von einem Punkt zu einem anderen gezogen werden kann; zum Beispiel sind auf der Erde die Geodäten Großkreise. Wenn wir zum Raum-Zeit-Kontinuum übergehen, ist die Mathematik dieselbe, aber die Erklärung in Worten muß ziemlich anders lauten. In der Allgemeinen Relativitätstheorie haben nur benachbarte Punkte einen wohlbestimmten Abstand unabhängig von dem Weg, auf dem wir von einem zum andern gelangen. Der Abstand zwischen entfernten Ereignissen hängt vom durchlaufenen Weg ab und muß berechnet werden, indem man den Weg in viele kleine Stücke zerlegt und die Abstände für die verschiedenen kleinen Abschnitte addiert. Wenn der Abstand raumartig ist, kann ein Körper nicht von einem Ereignis zum anderen gelangen; deshalb müssen wir uns auf zeitartige Abstände beschränken, wenn wir untersuchen, auf welchen Bahnen sich Körper bewegen. Wenn der Abstand zweier benachbarter Ereignisse zeitartig ist, so wird er einem Beobachter, der sich von dem einen Ereignis zum anderen bewegt, als die Zeit erscheinen, die zwischen ihnen liegt. Und ebenso wird der Gesamtabstand zwischen zwei beliebigen Ereignissen von einem Mann, der sich vom einen zum andern bewegt, als die Zeit betrachtet werden, die nach seinen Uhren die Reise in Anspruch genommen hat. Für manche Wege wird diese Zeit länger sein, für andere kürzer; je langsamer sich der Mann bewegt, desto länger wird ihm die Zeit vorkommen, die während seiner Reise verstrichen ist. Das darf man nicht für eine Binsenwahrheit ansehen. Was ich sage, ist nicht, daß man für eine Reise von London nach Edinburgh länger braucht, wenn man langsamer fährt. Ich sage etwas viel Seltsameres. Ich sage nämlich: Wenn Sie London um 10 Uhr vormittags verlassen und in Edinburgh um 6 Uhr 30 abends ankommen, und zwar alles nach Greenwich-Zeit, dann werden Sie um so länger brauchen, je langsamer Sie fahren – wenn die Zeit nach Ihrer Uhr gemessen wird. Das ist eine ganz andere Aussage. Vom Standpunkt eines Menschen auf der Erde dauert Ihre Reise 8½ Stunden. Aber wenn Sie ein Lichtstrahl gewesen wären, der durch das ganze Sonnensystem fliegt, ausgehend von London um 10 Uhr vormittags, reflektiert vom Jupiter zum Saturn und so fort, bis Sie zum Schluß zurück nach Edinburgh reflektiert würden und dort um 6 Uhr 30 abends ankämen, dann würden Sie urteilen, daß Sie für Ihre Reise überhaupt keine Zeit gebraucht hätten. Und wenn Sie irgendeinen weiten Umweg gemacht hätten, der es Ihnen jedoch erlaubt hätte, durch genügend hohe Geschwindigkeit rechtzeitig anzukommen, so hätten Sie nach Ihrem Urteil um so weniger Zeit gebraucht, je länger Ihre Route war; die Verkürzung der Zeit wäre um so stärker, je näher Ihre Geschwindigkeit an die Lichtgeschwindigkeit herankäme. Nun sage ich folgendes: Wenn sich ein Körper bewegt, so wählt er, falls man ihn sich selbst überläßt, den Weg, der die Zeit zwischen zwei Stationen der Reise so lang wie möglich macht; wenn er sich von einem Ereignis zu einem anderen auf irgendeiner anderen Route bewegte, wäre die Zeit, nach seinen eigenen Uhren gemessen, kürzer. Das bedeutet nichts anderes, als daß Körper, sich selbst überlassen, ihre Bewegungen so langsam wie möglich ausführen; es ist sozusagen ein Gesetz der kosmischen Faulheit. Sein mathematischer Ausdruck ist die Bewegung auf Geodäten, die zur Folge hat, daß der totale Abstand zwischen zwei beliebigen Ereignissen auf der Reise *größer* ist als bei jeder anderen Route. (Der Grund dafür, daß er nicht kleiner, sondern größer ist, liegt darin, daß die Art von Abstand, die wir betrachten, mehr der zeitlichen als der räumlichen Entfernung entspricht.) Wenn zum Beispiel jemand die Erde verlassen, eine Zeitlang umherreisen und dann zurückkehren könnte, so wäre die Zeit zwischen seiner Abreise und seiner Ankunft nach seinen Uhren kürzer als nach den Uhren auf der Erde: Die Erde sucht sich bei ihrer Reise um die Sonne den Weg aus, der die Zeit eines jeden Wegstücks nach ihren Uhren länger macht als die Zeit, die von Uhren gemessen wird, die sich auf einer anderen Bahn bewegen. Das ist gemeint mit der Aussage, daß Körper sich auf Geodäten im Raum-Zeit-Kontinuum bewegen, wenn sie sich selbst überlassen sind.

Es ist wichtig, nicht zu vergessen, daß das Raum-Zeit-Kontinuum nicht als euklidisch vorausgesetzt wird. Was die Geodäten betrifft, so hat das die Wirkung, daß das Raum-Zeit-Kontinuum aussieht wie eine hügelige Landschaft. In der Umgebung eines Stücks Materie ist so etwas wie ein Berg im Raum-Zeit-Kontinuum vorhanden; dieser Berg wird auf die Spitze zu steiler und steiler, wie der Hals einer Champagnerflasche. Er endet in einer senkrechten Spitze. Nach dem Gesetz der kosmischen Faulheit, das wir früher erwähnt haben, wird nun ein Körper, der in die Nähe des Bergs kommt, nicht versuchen, geradewegs über den Gipfel zu gehen, sondern er wird außenherum laufen. Das ist der Kern von Einsteins Ansicht über die Gravitation. Was ein Körper tut, das tut er infolge der Eigenschaften des Raum-Zeit-Kontinuums in seiner eigenen Umgebung, nicht wegen irgendeiner mysteriösen Kraft, die von einem entfernten Körper ausgeht.

Eine Analogie soll dazu dienen, diesen Punkt klarzumachen. Nehmen wir an, daß in einer dunklen Nacht eine Anzahl Leute mit Laternen kreuz und quer über eine große Ebene gehen, und nehmen wir an, daß an einer Stelle der Ebene ein Berg ist mit einem Leuchtfeuer auf dem Gipfel. Unser Berg soll so sein, wie wir ihn oben beschrieben haben, nach oben immer steiler und endend in einer Spitze. Ich will annehmen, daß Dörfer über die Ebene verstreut liegen und die Männer mit den Laternen zwischen diesen verschiedenen Dörfern hin- und hergehen. Es sind Pfade angelegt worden, die auf dem leichtesten Weg von jedem

Dorf zu jedem anderen führen. Diese Wege werden mehr oder weniger gekrümmt sein, um zu vermeiden, daß man zu weit den Berg hinaufsteigen muß; sie werden stärker gekrümmt sein, wenn sie nahe am Gipfel vorbeiführen, als wenn sie ein Stück von ihm entfernt sind. Nehmen wir nun an, daß wir all das, so gut wir können, von einem Punkt hoch oben in einem Ballon beobachten, so daß wir den Erdboden nicht sehen können, sondern nur die Laternen und das Leuchtfeuer. Wir werden nicht wissen, daß da ein Berg ist und daß sich das Leuchtfeuer auf seinem Gipfel befindet. Wir werden sehen, daß die Leute vom geraden Kurs abweichen, wenn sie in die Nähe des Leuchtfeuers kommen, und daß sie um so weiter abbiegen, je näher sie herankommen. Wir werden das natürlich einer Wirkung des Leuchtfeuers zuschreiben; wir könnten denken, daß es sehr heiß ist und die Leute fürchten, sich zu verbrennen. Aber wenn wir bis zum Tagesanbruch warten, werden wir den Berg sehen und feststellen, daß das Leuchtfeuer lediglich den Gipfel des Bergs markiert und die Leute mit den Laternen in keiner Weise beeinflußt.

In dieser Analogie entspricht nun das Leuchtfeuer der Sonne, die Menschen mit den Laternen entsprechen den Planeten und Kometen, die Wege entsprechen ihren Bahnen, und der Anbruch des Tages entspricht dem Auftreten Einsteins. Einstein sagt, daß sich die Sonne auf dem Gipfel eines Berges befindet, nur ist das ein Berg im Raum-Zeit-Kontinuum, nicht allein im Raum. (Ich rate dem Leser, lieber nicht zu versuchen, sich das bildlich vorzustellen, weil das unmöglich ist.) Jeder Körper sucht sich in jedem Moment den leichtesten Weg, der ihm offensteht, aber wegen des Bergs ist der leichteste Weg keine Gerade. Jedes kleine Stück Materie befindet sich auf dem Gipfel seines eigenen Hügels, wie der Hahn auf seinem Misthaufen. Wir nennen ein Stück Materie groß, wenn es sich auf dem Gipfel eines großen Hügels befindet. Nur vom Hügel wissen wir etwas; das Stück Materie auf dem Gipfel nehmen wir nur aus Zweckmäßigkeitsgründen an. Vielleicht besteht in Wirklichkeit keine Notwendigkeit dazu, und wir könnten mit dem Hügel allein auskommen, denn wir können niemals auf den Gipfel eines fremden Hügels gelangen, ebensowenig wie der kampflustige Hahn mit dem besonders aufreizenden Vogel kämpfen kann, den er im Spiegel sieht.

Ich habe hier nur eine qualitative Beschreibung von Einsteins Gravitationsgesetz gegeben; die exakte quantitative Formulierung würde mehr Mathematik erfordern, als ich mir erlauben möchte. Der interessanteste Punkt dabei ist, daß diese Formulierung das Gesetz nicht mehr auf eine Fernwirkung zurückführt; die Sonne übt keine irgendwie geartete Kraft mehr auf die Planeten aus. Gerade so, wie die Geometrie zu Physik geworden ist, so ist die Physik in gewissem Sinn Geometrie geworden. Das Gravitationsgesetz ist zu dem geometrischen Gesetz geworden, daß jeder Körper den leichtesten Weg von Ort zu Ort verfolgt, aber dieser Weg wird beeinflußt durch die Berge und Täler, denen der Körper auf seiner Bahn begegnet.

Wir haben angenommen, daß der Körper, den wir betrachten, nur unter der Wirkung der Schwerkraft steht. Wir beschäftigen uns im Augenblick mit dem Gravitationsgesetz, nicht mit den Wirkungen der elektromagnetischen Kräfte oder der Kräfte zwischen subatomaren Teilchen. Es hat viele Versuche gegeben, all diese Kräfte in den Rahmen der Allgemeinen Relativitätstheorie einzuordnen, und zwar von Einstein selbst und von Weyl, Kaluza und Klein – um nur einige andere zu nennen –, aber keiner dieser Ansätze war völlig befriedigend. Für den Augenblick können wir diese Arbeiten außer acht lassen, weil die Planeten als Ganzes keinen nennenswerten elektromagnetischen oder subatomaren Kräften unterliegen; nur die Gravitation muß in Betracht gezogen werden, um ihre Bewegung zu erklären; und damit haben wir uns in diesem Kapitel beschäftigt.

Unser drittes Axiom, welches besagt, daß ein Lichtstrahl so läuft, daß der Abstand zwischen je zweien seiner Teile Null ist, hat den Vorteil, daß es nicht nur für *kleine* Entfernungen formuliert werden kann. Wenn jedes kleine Stück des Abstands

Null ist, so ist auch die Summe aller Teilstücke gleich Null, und deshalb haben auch entfernte Teile des gleichen Lichtstrahls den Abstand Null. Der Weg eines Lichtstrahls ist nach diesem Axiom auch geodätisch. So haben wir nun zwei empirische Wege, um festzustellen, was die Geodäten im Raum-Zeit-Kontinuum sind, nämlich mit Hilfe von Lichtstrahlen und mit Hilfe frei fallender Körper. Zu den frei fallenden Körpern rechnen wir alle, die nicht als Ganzes nennenswerten elektromagnetischen oder subatomaren Kräften unterworfen sind, das heißt die Sonne, die Fixsterne, Planeten und Satelliten und auch fallende Körper auf der Erde, wenigstens wenn sie im Vakuum fallen. Wenn wir auf der Erde stehen, sind wir elektromagnetischen Kräften unterworfen: Die Elektronen und Protonen in der Nähe unserer Füße üben eine abstoßende Kraft auf sie aus, die gerade groß genug ist, um der Schwerkraft der Erde die Waage zu halten. Dadurch wird verhindert, daß wir durch die Erde, die trotz ihres kompakten Aussehens hauptsächlich aus leerem Raum besteht, hindurchfallen.

9. Kapitel

Beweise für Einsteins Gravitationsgesetz

Die Gründe, die dafür sprechen, Einsteins Gravitationsgesetz dem Newtonschen vorzuziehen, sind teils empirischer, teils logischer Natur. Wir wollen mit den empirischen Gründen beginnen.

Einsteins Gravitationsgesetz liefert fast genau die gleichen Resultate wie das Newtonsche, wenn man es auf die Berechnung der Bahnen von Planeten und Satelliten anwendet. Wenn es das nicht täte, könnte es nicht richtig sein, da man die Konsequenzen, die sich aus Newtons Gesetz ergaben, durch die Beobachtung fast genau bestätigt fand. Als Einstein 1915 sein neues Gesetz erstmals publizierte, gab es nur eine einzige empirische Tatsache, auf die er verweisen konnte, um zu zeigen, daß seine Theorie besser als die Newtonsche war. Das ist die sogenannte Periheldrehung des Merkur.

Der Planet Merkur bewegt sich wie die anderen Planeten in einer Ellipse um die Sonne, wobei die Sonne in dem einen der beiden Brennpunkte steht. An manchen Punkten seiner Bahn ist er näher an der Sonne als an anderen. Der Punkt, an dem er der Sonne am nächsten ist, heißt ›Perihel‹. Nun stellte man durch Beobachtung fest, daß Merkur von einer Konstellation, bei der er der Sonne am nächsten ist, bis zur folgenden nicht genau einen Umlauf um die Sonne ausführt, sondern ein kleines bißchen mehr. Die Abweichung ist sehr klein; sie beträgt 42 Winkelsekunden im Jahrhundert. Da Merkur während eines Jahrhunderts etwas mehr als vierhundertmal um die Sonne läuft, muß er etwa $^1/_{10}$ einer Winkelsekunde mehr als eine volle Umdrehung zurücklegen, um von einem Perihel zum nächsten zu gelangen. Diese äußerst minimale Abweichung von der Newtonschen Theorie hatte die Astronomen verwirrt. Man hatte zwar einen solchen Effekt auf Grund der Störungen, die von den anderen Planeten verursacht werden, berechnet, aber die genannte kleine Abweichung war der Rest, nachdem man diese Störungen berücksichtigt hatte. Einsteins Theorie erklärte genau diesen Rest. Es gibt einen ähnlichen Effekt bei den anderen Planeten, aber er ist viel kleiner und schwieriger zu beobachten. Seit Einstein sein neues Gesetz veröffentlichte, ist dieser Effekt auch bei der Erde beobachtet worden und mit einem guten Grad an Zuverlässigkeit auch beim Mars. Dieser Perihel-Effekt war zuerst Einsteins einzige Überlegenheit über Newton auf empirischem Gebiet.

Sein zweiter Erfolg war sensationeller. Nach der orthodoxen Ansicht sollte Licht im Vakuum sich immer auf Geraden bewegen. Da es nicht aus materiellen Teilchen besteht, sollte es von der Gravitation unbeeinflußt bleiben. Es wäre jedoch ohne irgendeinen ernsthaften Bruch mit den alten Ideen möglich gewesen, sich vorzustellen, daß das Licht, wenn es nahe an der Sonne vorbeiläuft, von seiner geraden Bahn um soviel abgelenkt wird, wie wenn es aus materiellen Teilchen bestünde. Einstein behauptete jedoch, ausgehend von seinem Gravitationsgesetz, daß das Licht doppelt so stark abgelenkt würde. Das heißt, wenn das Licht eines Sterns sehr nah an der Sonne vorbeiläuft, so wird nach Einsteins Behauptung der Strahl von dem Stern um einen Winkel von gerade 1 3/4 Sekunden abgelenkt. Seine Gegner waren bereit, gerade halb soviel zuzugestehen. Unglücklicherweise sind Sterne, die fast in einer Linie mit Erde und Sonne stehen, nur während einer totalen Sonnenfinsternis sichtbar, und selbst dann ist es möglich, daß keine genügend hellen Sterne nahe bei der Sonne stehen. Eddington weist darauf hin, daß unter diesem Gesichtspunkt der beste Tag im Jahr der 29. Mai ist, weil dann eine Anzahl heller Sterne in der Nähe der Sonne stehen. Durch einen unglaublich glücklichen Zufall passierte es, daß eine totale

Sonnenfinsternis am 29. Mai 1919 stattfand. Zwei britische Expeditionen fotografierten die Sterne in der Nähe der Sonne während der Sonnenfinsternis, und die Ergebnisse schienen Einsteins Voraussagen zu bestätigen. Das rief damals große Aufregung hervor. Weitere Hinweise, die Einsteins Voraussage stützten, erhielt man bei der Beobachtung vieler folgender Sonnenfinsternisse, und sie wird deshalb allgemein akzeptiert. Es gibt jedoch sehr viele mögliche Fehlerquellen bei solchen Beobachtungen, und manche Astronomen haben immer noch Zweifel, ob die Ergebnisse einen eindeutigen Schluß zulassen.

Der dritte experimentelle Test ist im ganzen günstig für Einstein, aber die Größen, um die es geht, sind so klein, daß es gerade noch möglich ist, sie zu messen, und das Resultat kann nicht als Grundlage einer Entscheidung dienen. Bevor wir den in Frage stehenden Effekt erklären, sind einige vorhergehende Erläuterungen nötig. Das Spektrum eines Elements besteht aus bestimmten Linien von Licht verschiedener Farbtöne, die von dem Element in glühendem Zustand ausgesandt werden und die durch ein Prisma voneinander getrennt werden können. Diese Linien sind (in sehr guter Näherung) die gleichen, ob sich das Element auf der Erde, der Sonne oder einem Stern befindet. Jede Linie hat einen bestimmten Farbton mit einer bestimmten Wellenlänge. Größere Wellenlängen liegen näher beim roten Ende des Spektrums, kleinere näher beim violetten Ende. Wenn sich die Lichtquelle auf uns zubewegt, erscheinen uns die Wellenlängen kürzer, geradeso wie Wellen auf dem Meer schneller kommen, wenn wir gegen den Wind fahren. Wenn sich die Lichtquelle von uns entfernt, werden die Wellenlängen für uns aus dem gleichen Grund länger. Das ermöglicht es uns, zu erfahren, ob sich die Sterne auf uns zu oder von uns wegbewegen. Wenn sie sich auf uns zubewegen, werden alle Linien im Spektrum eines Elements ein bißchen zum Violett hin verschoben; wenn sie sich entfernen, zum Rot hin. Man kann den entsprechenden Effekt beim Schall jeden Tag beobachten. Wenn Sie auf einem Bahnhof stehen und ein Expreßzug fährt pfeifend durch, scheint der Pfeifton sehr viel schriller, wenn der Zug auf Sie zufährt, als wenn er vorbeigefahren ist. Wahrscheinlich denken viele Leute, der Ton hätte sich ›wirklich‹ geändert, aber tatsächlich rührt die Änderung dessen, was Sie hören, nur daher, daß der Zug sich erst genähert und dann entfernt hat. Für die Leute im Zug hat es keine Änderung der Tonhöhe gegeben. Das ist *nicht* der Effekt, mit dem sich Einstein beschäftigt. Die Entfernung der Sonne von der Erde ändert sich nicht sehr stark; für unseren augenblicklichen Zweck können wir sie als konstant betrachten. Einstein folgert aus seinem Gravitationsgesetz, daß jeder periodische Vorgang, der in einem Atom auf der Sonne abläuft (deren Schwerkraft sehr stark ist), mit unseren Uhren gemessen, etwas langsamer ablaufen muß, als es in einem ähnlichen Atom auf der Erde der Fall wäre. Der ›Abstand‹, um den es geht, ist der gleiche auf der Sonne wie auf der Erde, aber der gleiche Abstand in verschiedenen Gebieten entspricht nicht genau der gleichen Zeit; das liegt an dem ›hügeligen‹ Charakter des Raum-Zeit-Kontinuums, in dem die Gravitation besteht. Folglich sollte jede gegebene Linie im Spektrum, wenn das Licht von der Sonne kommt, uns ein wenig näher am roten Ende des Spektrums erscheinen, als wenn das Licht aus einer irdischen Quelle käme. Einsteins Theorie sagt voraus, daß ein ähnlicher Effekt im Gravitationsfeld eines jeden Sterns und sogar eines jeden massiven Körpers zu beobachten sein sollte, aber der Effekt ist so klein und die meßtechnischen Schwierigkeiten sind so groß, daß es nach fünfzig Jahren der Beobachtung immer noch unsicher ist, ob die Sonne oder irgendein anderer Stern den Effekt überhaupt zeigt. Neuere Fortschritte in der Kernphysik haben es jedoch ermöglicht, den von der Erde selbst erzeugten Effekt zu beobachten, obwohl dieser Effekt viel kleiner ist als der von der Sonne erzeugte. Die neue Beobachtung stützt sich auf die Tatsache, daß gewisse radioaktive Atomkerne unter geeigneten experimentellen Bedingungen elektromagnetische Strahlung aussenden, deren Wellenlänge mit ungeheurer Präzision bestimmt werden kann, und daß so auch sehr kleine Änderungen in der Wellenlänge entdeckt werden können. Die Änderung der Wellenlänge auf Grund der Gravitation ist jetzt zwischen zwei Stationen beobachtet worden, von denen sich die eine an der Spitze und die andere am Fuß eines Turms von nur 120 m Höhe befand.

Es gibt noch andere Unterschiede in den Konsequenzen von Einsteins und Newtons Gesetz, aber bisher hat es keine andere entscheidende Beobachtung gegeben, wenigstens nicht innerhalb der Grenzen des Sonnensystems. Aber die obengenannten experimentellen Tests sind ganz ausreichend, um die Astronomen davon zu überzeugen, daß, wo immer sich Newton und Einstein in ihren Voraussagen über die Bewegungen der Himmelskörper unterscheiden, Einsteins Gesetz die richtigen Ergebnisse liefert. Sogar wenn die empirischen Gründe, die für Einstein sprechen, allein stünden, wären sie zwingend. Ob sein Gesetz nun die exakte Wahrheit ist oder nicht, es ist sicher genauer als das Newtonsche, obwohl die Ungenauigkeiten in Newtons Gesetz alle extrem gering waren.

Aber die Überlegungen, die Einstein ursprünglich zu seinem Gesetz führten, hatten nichts mit diesen Einzelheiten zu tun. Sogar die Konsequenz, die sich daraus für das Perihel des Merkur ergab und die sich sofort durch frühere Beobachtungen bestätigen ließ, konnte man erst ableiten, nachdem die Theorie vollständig war; sie konnte also nicht zu den ursprünglichen Gründen für die Entwicklung einer solchen Theorie gehören. Diese Gründe waren mehr von abstrakt-logischem Charakter. Ich will damit nicht sagen, daß sie nicht auf beobachteten Tatsachen fußten, und ich meine nicht, daß es *A-priori*-Phantasien waren von der Art, wie sie Philosophen früher liebten. Ich meine vielmehr, daß sie aus gewissen allgemeinen Eigenschaften physikalischer Erfahrung abgeleitet wurden, die zeigten, daß Newton unrecht haben *muß* und daß etwas wie Einsteins Gesetz an die Stelle des Newtonschen gesetzt werden *muß*.

Die Argumente für die Relativität der Bewegung sind, wie wir in früheren Kapiteln sahen, durchaus schlüssig. Im täglichen

Leben meinen wir, wenn wir sagen, etwas bewege sich, daß es sich relativ zur Erde bewegt. Wenn wir uns mit den Bewegungen der Planeten beschäftigen, so betrachten wir sie als Bewegungen relativ zur Sonne oder zum Schwerpunkt des Sonnensystems. Wenn wir sagen, daß sich das Sonnensystem selbst bewegt, so meinen wir, daß es sich relativ zu den Fixsternen bewegt. Es gibt keine physikalische Erscheinung, die ›absolute Bewegung‹ genannt werden kann. Folglich müssen sich die physikalischen Gesetze mit Relativbewegungen beschäftigen, da diese die einzige Art von Bewegung sind, die vorkommt.

Wir setzen nun die Relativität der Bewegung in Verbindung mit der experimentellen Tatsache, daß die Lichtgeschwindigkeit, bezogen auf einen Körper, die gleiche ist wie bezogen auf einen andern, unabhängig von deren Bewegung. Das führt uns zur Relativität der Entfernungen und Zeiten. Dies wiederum zeigt, daß es keine objektive physikalische Tatsache gibt, die man ›die Entfernung zwischen zwei Körpern zu einer gegebenen Zeit‹ nennen kann, da die Zeit und die Entfernung beide vom Beobachter abhängen. Daher ist Newtons Gravitationsgesetz logisch unhaltbar, da es von dem Begriff ›Entfernung zu einer gegebenen Zeit‹ Gebrauch macht.

Das zeigt, daß wir uns nicht mit Newton zufriedengeben können, aber es zeigt nicht, was wir an seine Stelle setzen sollen. Hier sind mehrere Überlegungen zu berücksichtigen. Wir haben an erster Stelle die sogenannte ›Gleichheit von schwerer und träger Masse‹. Das bedeutet folgendes: Wenn man eine gegebene Kraft* auf einen schweren Körper anwendet, so gibt man ihm nicht so viel Beschleunigung wie einem leichten Körper. Was man die ›träge‹ Masse eines Körpers nennt, wird gemessen

* Obwohl ›Kraft‹ nicht mehr als einer der Grundbegriffe der Dynamik gelten kann, sondern nur als eine bequeme Sprechweise, kann man den Begriff doch noch verwenden wie ›Sonnenaufgang‹ oder ›Sonnenuntergang‹, vorausgesetzt, wir sind uns klar darüber, was wir meinen. Oft würde es sehr umständliche Ausdrücke erfordern, wollte man das Wort ›Kraft‹ vermeiden.

durch die Größe der Kraft, die notwendig ist, um eine gegebene Beschleunigung zu erzielen. An einem gegebenen Punkt der Erdoberfläche ist die ›Masse‹ proportional zum ›Gewicht‹. Was man mit der Balkenwaage mißt, ist eigentlich die Masse, nicht das Gewicht: das Gewicht ist definiert als die Kraft, mit der die Erde den Körper anzieht. Nun ist diese Kraft an den Polen größer als am Äquator, weil am Äquator die Erdrotation eine ›Zentrifugalkraft‹ erzeugt, die einen Teil der Schwerkraft kompensiert. Die Kraft der Erdanziehung ist auch größer an der Erdoberfläche als in großer Höhe oder auf der Sohle eines sehr tiefen Bergwerkschachtes. Keine dieser Änderungen wird von der Balkenwaage angezeigt, weil von ihnen die Gewichte ebenso betroffen sind wie der Körper, den man damit wiegt: Aber sie zeigen sich, wenn wir eine Federwaage benutzen. Die Masse ändert sich nicht bei diesen Änderungen des Gewichts.

Die ›schwere‹ Masse ist anders definiert. Der Begriff besitzt zwei mögliche Bedeutungen. Wir können 1. die Art meinen, in der ein Körper in einer Situation reagiert, in der die Schwerkraft eine bekannte Stärke hat, zum Beispiel auf der Erdoberfläche oder auf der Oberfläche der Sonne; oder wir können 2. die Stärke der Schwerkraft meinen, die der Körper erzeugt, so wie zum Beispiel die Sonne eine größere Schwerkraft erzeugt als die Erde. Newton sagt, daß die Schwerkraft zwischen zwei Körpern proportional zum Produkt ihrer Massen ist. Nun wollen wir einmal die Anziehung verschiedener Körper durch ein und denselben Körper betrachten, zum Beispiel durch die Sonne. Dann werden die verschiedenen Körper durch Kräfte angezogen, die proportional zu ihren Massen sind und die deshalb genau die gleiche Beschleunigung bei ihnen allen hervorrufen. So finden wir, wenn wir ›schwere Masse‹ im 1. Sinn meinen – das heißt die Art, in der ein Körper auf Gravitation anspricht –, daß ›die Gleichheit von träger und schwerer Masse‹, die so schrecklich klingt, einfach darauf hinausläuft, daß in einem gegebenen Schwerefeld sich alle Körper genau gleich verhalten. Soweit es die Erdoberfläche betrifft, war das eine der ersten Entdeckungen des Galilei. Aristoteles dachte, daß schwere Körper schneller als leichte fallen; Galilei zeigte, daß das nicht der Fall ist, wenn man den Luftwiderstand eliminiert. Im Vakuum fällt eine Feder so schnell wie ein Bleiklumpen. Soweit es die Planeten betrifft, war Newton der erste, der die entsprechenden Tatsachen feststellte. In einer gegebenen Entfernung von der Sonne erfährt ein Komet, der eine sehr geringe Masse hat, genau die gleiche Beschleunigung zur Sonne hin wie ein Planet in der gleichen Entfernung. Somit hängt die Art, in der die Gravitation auf einen Körper wirkt, nur davon ab, wo er sich befindet, und in keiner Weise von der Natur des Körpers. Das legt den Schluß nahe, daß Gravitationswirkungen eine Eigenschaft der Umgebung der Körper sind; gerade dazu macht sie die Einsteinsche Theorie.

Was die schwere Masse in der 2. Bedeutung betrifft – das heißt die Stärke der Kraft, die ein Körper erzeugt –, so ist sie nicht mehr *genau* proportional zu seiner trägen Masse. Diese Frage erfordert einige ziemlich komplizierte mathematische Überlegungen, und ich will nicht darauf eingehen.*

Wir haben noch einen anderen Hinweis darauf, von welcher Art das Gravitationsgesetz sein *muß*, wenn es eine Eigenschaft der unmittelbaren Umgebung beschreiben soll – und zu dieser Vermutung haben wir guten Grund, wie wir gesehen haben. Die Gravitation muß durch ein Gesetz ausgedrückt werden, das sich nicht ändert, wenn wir eine andere Art von Koordinaten zugrunde legen. Wir haben gesehen, daß wir nicht von Anfang an unseren Koordinaten eine physikalische Bedeutung beimessen dürfen: Sie sind nur eine systematische Methode, verschiedene Teile des Raum-Zeit-Kontinuums zu bezeichnen. Da sie eine Sache der Konvention sind, können sie nicht in physikalische Gesetze eingehen. Das bedeutet: Wenn wir ein Gesetz richtig ausgedrückt haben mit Hilfe eines Koordinatensystems, so muß

* Vgl. Eddington, *The Mathematical Theory of Relativity*, Cambridge 1924, dt. von A. Ostrowski und H. Schmidt, *Relativitätstheorie in mathematischer Behandlung*, Berlin 1925, S. 182.

es sich in einem anderen Koordinatensystem durch dieselbe Formel ausdrücken. Oder genauer gesagt, es muß möglich sein, eine Formel zu finden, die das Gesetz ausdrückt und die unverändert bleibt, wie wir auch die Koordinaten ändern. Es ist Aufgabe der Tensorrechnung, sich mit solchen Formeln zu beschäftigen. Und die Tensortheorie zeigt, daß es eine Formel gibt, die sich offensichtlich als mögliches Gravitationsgesetz anbietet. Wenn man diese Möglichkeit untersucht, so zeigt sich, daß sie die richtigen Ergebnisse liefert; an dieser Stelle kommen die empirischen Bestätigungen ins Spiel. Aber auch wenn sich nicht erwiesen hätte, daß Einsteins Gesetz im Einklang mit der Erfahrung steht, so hätten wir doch nicht zu Newtons Gesetz zurückkehren können. Wir wären durch die Logik gezwungen gewesen, nach einem Gesetz zu suchen, das sich in ›Tensoren‹ ausdrückt und das deshalb unabhängig von unserer Koordinatenwahl ist. Es ist unmöglich, ohne Mathematik die Tensortheorie zu erklären; der Nichtmathematiker muß sich damit zufriedengeben, zu wissen, daß es die technische Methode ist, durch die wir das von Konventionen abhängige Element aus unseren Messungen und Gesetzen eliminieren und so zu physikalischen Gesetzen gelangen, die unabhängig vom Standpunkt des Beobachters sind. Für diese Methode ist Einsteins Gravitationsgesetz das glänzendste Beispiel.

10. Kapitel

Masse, Impuls, Energie und Wirkung

Es ist ebenso schwierig wie wichtig, sich um quantitative Genauigkeit zu bemühen. Die Genauigkeit physikalischer Messungen ist außerordentlich groß; wenn sie weniger genau wären, könnten solche winzigen Effekte wie die, welche die experimentelle Basis für die Relativitätstheorie liefern, nie festgestellt werden. Die mathematische Physik hat vor der Formulierung der Relativitätstheorie eine Reihe von Begriffen benutzt, von denen man glaubte, sie seien so genau wie physikalische Messungen; es hat sich aber herausgestellt, daß sie logische Mängel aufwiesen und daß diese Mängel sich in sehr geringen Abweichungen von den nach der Berechnung zu erwartenden Ergebnissen zeigten. In diesem Kapitel möchte ich klarmachen, wie sich das auf die Grundvorstellungen der vorrelativistischen Physik auswirkte und in welcher Weise sie modifiziert werden mußten.

Wir hatten schon Gelegenheit, vom Begriff Masse zu sprechen. Für die Zwecke des täglichen Lebens ist Masse fast genau dasselbe wie Gewicht; die üblichen Maßeinheiten für das Gewicht – Unze, Gramm usw. – sind eigentlich Einheiten der Masse. Aber sobald wir anfangen, genaue Messungen durchzuführen, sind wir gezwungen, zwischen Masse und Gewicht zu unterscheiden. Zwei verschiedene Arten des Wiegens sind allgemein gebräuchlich, die eine arbeitet mit einem Waagbalken, die andere mit einer Feder. Wenn Sie eine Reise machen wollen und Ihr Gepäck gewogen wird, legt man es nicht in eine Waagschale, sondern auf eine Feder; das Gewicht drückt die Feder ein bestimmtes Stück zusammen, und das Ergebnis wird von einer

Nadel auf einer Skala angezeigt. Dasselbe Prinzip wird bei den Automaten, mit denen wir unser Gewicht feststellen, angewandt. Die Federwaage zeigt das Gewicht an, die Balkenwaage dagegen die *Masse*. Solange man sich in ein und demselben Teil der Welt aufhält, spielt dieser Unterschied keine Rolle; aber wenn man zwei Waagen verschiedener Art an mehreren verschiedenen Orten ausprobiert, stellt man fest – vorausgesetzt, sie gehen genau –, daß ihre Ergebnisse nicht immer übereinstimmen. Bei Balkenwaagen ist das Ergebnis überall dasselbe, nicht aber bei Federwaagen. Das bedeutet also, daß ein Bleiklumpen, der auf einer Balkenwaage 10 Pfund wiegt, auch in irgendeinem anderen Teil der Welt auf der Balkenwaage 10 Pfund wiegt. Wenn er aber auf einer Federwaage in London 10 Pfund wiegt, wird er am Nordpol mehr, am Äquator weniger wiegen, hoch oben in einem Flugzeug weniger und weniger auf dem Grund einer Kohlengrube, wenn er an allen diesen Orten auf derselben Federwaage gewogen wird. Das liegt daran, daß die beiden Instrumente völlig verschiedene Größen messen. Was die Balkenwaage mißt, könnte man (abgesehen von gewissen Feinheiten, mit denen wir uns gleich beschäftigen werden) als die ›Quantität der Materie‹ bezeichnen. Ein Pfund Federn enthält dieselbe ›Quantität von Materie‹ wie ein Pfund Blei. Standard-›Gewichte‹, die in Wirklichkeit Standard-›Massen‹ sind, messen den Betrag an Masse, der in jeder Substanz, die man in die gegenüberliegende Waagschale legt, enthalten ist. Aber ›Gewicht‹ ist eine Eigenschaft, die auf die Schwerkraft der Erde zurückgeht: Es ist der Betrag der Kraft, mit der die Erde einen Körper anzieht. Diese Kraft variiert von Ort zu Ort. Erstens variiert sie überall außerhalb der Erde umgekehrt proportional zum Quadrat der Entfernung vom Erdmittelpunkt; sie ist deshalb in großen Höhen geringer. Im zweiten Fall, nämlich wenn wir in eine Kohlengrube hinunterfahren, befindet sich ein Teil der Erde über uns und zieht die Körper nach oben statt nach unten, so daß die resultierende Anziehung nach unten geringer ist als auf der Erdoberfläche.

Drittens bewirkt die Rotation der Erde eine sogenannte ›Zentrifugalkraft‹, die der Schwerkraft entgegenwirkt. Sie ist am größten am Äquator, weil dort die Erdrotation die schnellste Bewegung mit sich bringt; an den Polen ist sie überhaupt nicht vorhanden, weil diese auf der Rotationsachse liegen. Aus allen diesen Gründen ist die Kraft, mit der ein gegebener Körper von der Erde angezogen wird, an verschiedenen Orten meßbar verschieden. Diese Kraft ist es, die von einer Federwaage gemessen wird; deshalb erhält man mit einer Federwaage an verschiedenen Orten verschiedene Ergebnisse. Bei einer Balkenwaage verändern sich die Standard-›Gewichte‹ ebensosehr wie der zu wiegende Körper, so daß das Ergebnis überall dasselbe ist; aber dieses Ergebnis ist die ›Masse‹, nicht das ›Gewicht‹. Ein Standard-›Gewicht‹ hat überall dieselbe Masse, aber nicht dasselbe ›Gewicht‹. In Wirklichkeit ist es eine Masseneinheit, keine Gewichtseinheit. Für theoretische Zwecke ist die Masse, die für einen gegebenen Körper nahezu unveränderlich ist, viel wichtiger als das Gewicht, das sich je nach den Umständen ändert. Zunächst können wir die Masse als ›Quantität der Materie‹ betrachten; wir werden noch sehen, daß diese Ansicht nicht ganz stimmt, aber sie ist brauchbar als Ausgangspunkt für spätere Verfeinerungen.

Für die Zwecke der Theorie wird der Begriff der Masse definiert durch die Größe der Kraft, die nötig ist, um eine gegebene Beschleunigung zu erreichen: Je größer die Masse eines Körpers ist, desto größer ist die Kraft, die nötig ist, um seine Geschwindigkeit in einer gegebenen Zeit um einen gegebenen Betrag zu verändern. Damit ein langer Zug am Ende der ersten halben Minute eine Geschwindigkeit von 20 km in der Stunde erreicht, braucht man eine stärkere Lokomotive als bei einem kurzen Zug. Es könnte auch der Fall sein, daß die Kraft, die auf eine Reihe verschiedener Körper wirkt, dieselbe ist; dann können wir, wenn wir ihre Beschleunigung messen, das Verhältnis ihrer Massen errechnen: je größer die Masse, desto geringer die Beschleunigung. Zur Veranschaulichung dieser Methode wollen wir ein Beispiel nehmen, das im Zusammenhang mit der Relativitätstheorie wichtig ist. Radioaktive Körper senden Beta-Teilchen (Elektronen) mit ungeheuren Geschwindigkeiten aus. Wir können ihre Bahn beobachten, wenn wir sie durch Wasserdampf fliegen lassen, wo sie auf ihrem Weg eine Nebelspur bilden. Gleichzeitig können wir sie dem Einfluß bekannter elektrischer und magnetischer Kräfte aussetzen und beobachten, wie weit sie dadurch von der geraden Bahn abgelenkt werden. Das ermöglicht es uns, ihre Massen zu vergleichen. Man stellt fest, daß ihre Masse, von einem in Ruhe befindlichen Beobachter gemessen, um so größer ist, je schneller sie sich bewegen. Man weiß aus anderen Beobachtungen, daß alle Elektronen, abgesehen von der Wirkung der Bewegung, die gleiche Masse haben.

All das war schon bekannt, bevor die Relativitätstheorie erfunden wurde; aber es zeigte, daß der herkömmliche Begriff von Masse nicht ganz den Grad von Bestimmtheit besaß, den man ihm zugeschrieben hatte. Für gewöhnlich sah man die Masse als ›Quantität der Materie‹ an und hielt sie für völlig unveränderlich. Nun stellte man fest, daß die Masse vom Beobachter abhängig war, ebenso wie Länge und Zeit, und daß sie in genau demselben Verhältnis wie diese durch die Bewegung verändert wurde. Dem konnte man jedoch abhelfen. Man konnte die ›Ruhmasse‹ einführen, das heißt die Masse, wie sie von einem Beobachter, der die Bewegung des Körpers teilt, gemessen wird. Auf sie ließ sich von der gemessenen Masse aus leicht schließen, wenn man diese mit demselben Faktor wie Länge und Zeit multiplizierte.

Aber es gibt da eine noch seltsamere Tatsache: Auch wenn wir diese Korrektur vorgenommen haben, erhalten wir noch nicht eine Größe, die zu jeder Zeit für denselben Körper genau die gleiche ist. Wenn ein Körper Energie aufnimmt – zum Beispiel, wenn er wärmer wird –, nimmt seine ›Ruhmasse‹ ein wenig zu. Diese Zunahme ist sehr gering; man erhält sie nämlich, indem man den Energiezuwachs durch das Quadrat der Lichtgeschwindigkeit dividiert. Wenn ein Körper dagegen

Energie abgibt, verliert er an Masse. Das bemerkenswerteste Beispiel dafür ist die Tatsache, daß vier Wasserstoffatome sich zu einem Heliumatom vereinigen können, daß dessen Masse aber merklich geringer ist als das Vierfache der Masse eines Wasserstoffatoms. (Dieser Prozeß geht über Zwischenstufen vor sich, bei denen möglicherweise andere Atome die Rolle von Katalysatoren spielen.) Dieser Vorgang ist von größter praktischer Bedeutung. Man nimmt an, daß er sich im Innern der Sterne abspielt und die Energie liefert, die wir als Sternenlicht sehen und die im Fall der Sonne das Leben auf der Erde ermöglicht. Man kann diesen Vorgang auch in irdischen Laboratorien reproduzieren, wobei eine ungeheure Energie in Form von Licht und Wärme freigesetzt wird. Das ermöglicht die Herstellung von Wasserstoffbomben, deren Größe und Zerstörungskraft so gut wie unbegrenzt ist. Die Größe gewöhnlicher Atombomben, die auf dem Zerfall von Uran basieren, hat eine natürliche Grenze: Wenn zu viel Uran an einem Ort zusammenkommt, kann es, ohne daß man es zündet, von selbst explodieren, so daß man Uranbomben nur bis zu einer gewissen Maximalgröße herstellen kann. Eine Wasserstoffbombe dagegen kann beliebig viel Wasserstoff enthalten, denn Wasserstoff explodiert nicht von selbst. Nur wenn der Wasserstoff durch eine konventionelle Uranbombe gezündet wird, bildet sich Helium und wird Energie frei. Das kommt daher, daß diese Verschmelzung nur bei sehr hoher Temperatur stattfindet.

Die Wasserstoffbombe hat noch einen weiteren Vorteil: Der Uranvorrat auf unserem Planeten ist sehr beschränkt, und man könnte befürchten, daß er schon vor der Vernichtung der menschlichen Rasse verbraucht sein wird; aber jetzt, wo man sich den praktisch unbegrenzten Vorrat an Wasserstoff nutzbar machen kann, gibt es beträchtlichen Grund zu der Hoffnung, daß der *homo sapiens* sich selbst sein Ende bereitet, zum großen Vorteil der weniger wilden Tiere, die überleben werden.

Aber es ist Zeit, zu weniger erhebenden Themen zurückzukehren.

Wir haben also zwei Arten von Masse, von denen keine ganz dem alten Ideal entspricht. Die Masse, die von einem Beobachter gemessen wird, der sich relativ zu dem zu messenden Körper bewegt, ist eine relative Größe und hat keine physikalische Bedeutung als Eigenschaft des Körpers. Die ›Ruhmasse‹ ist zwar eine echte Eigenschaft des Körpers, die nicht vom Beobachter abhängt; aber auch sie ist nicht ganz unveränderlich. Wie wir gleich sehen werden, geht der Begriff der Masse im Begriff der Energie auf; er steht sozusagen für die Energie, die der Körper im Innern aufwendet, im Gegensatz zur Energie, die er gegenüber der Außenwelt entfaltet.

Erhaltung der Masse, Erhaltung des Impulses und Erhaltung der Energie waren die großen Prinzipien der klassischen Mechanik. Als nächstes wollen wir die Erhaltung des Impulses betrachten.

Der Impuls eines Körpers in einer bestimmten Richtung ist das Produkt seiner Masse und seiner Geschwindigkeit in dieser Richtung. So kann ein schwerer Körper, der sich langsam bewegt, den gleichen Impuls haben wie ein leichter Körper, der sich schnell bewegt. Wenn eine Anzahl von Körpern auf irgendeine Art miteinander in Wechselwirkung tritt, zum Beispiel durch Zusammenstoß oder gegenseitige gravitative Anziehung, so bleibt der Gesamtimpuls aller Körper in jeder Richtung unverändert, solange kein äußerer Einfluß dazukommt. Dieses Gesetz bleibt auch in der Relativitätstheorie gültig. Für verschiedene Beobachter ist die Masse verschieden, aber ebenso die Geschwindigkeit; diese beiden Unterschiede heben einander auf, und es stellt sich heraus, daß das Prinzip immer noch stimmt.

Der Impuls eines Körpers ist verschieden in verschiedenen Richtungen. Normalerweise nimmt man, wenn man ihn messen will, die Geschwindigkeit in einer gegebenen Richtung (wie sie der Beobachter mißt) und multipliziert sie mit der Masse (wie sie der Beobachter mißt). Die Geschwindigkeit in einer gegebenen Richtung ist nun die in dieser Richtung in der Zeiteinheit zurückgelegte Entfernung. Angenommen, wir nehmen stattdessen die Strecke, die der Körper in dieser Richtung zurücklegt, während er die Einheit des ›Abstands‹ durchläuft. (Im Normalfall bedeutet das nur eine sehr geringe Änderung, denn für Geschwindigkeiten, die beträchtlich unter der Lichtgeschwindigkeit liegen, ist der Abstand fast genau gleich der verstrichenen Zeit.) Und nehmen wir weiter an, daß wir an die Stelle der von einem Beobachter gemessenen Masse die Ruhmasse setzen. Diese beiden Veränderungen vergrößern die Geschwindigkeit und verringern die Masse, beide im gleichen Verhältnis. So bleibt der Impuls derselbe, aber die Größen, die vom Beobachter abhängen, sind – mit Ausnahme der vom Körper in der gegebenen Richtung zurückgelegten Entfernung – durch Größen ersetzt worden, die unabhängig vom Beobachter festgesetzt sind.

Wenn wir Zeit durch Raum-Zeit ersetzen, stellen wir fest, daß die gemessene Masse (im Gegensatz zur Ruhmasse) eine Größe von derselben Art ist wie der Impuls in einer gegebenen Richtung; man könnte sie Impuls in der Zeitrichtung nennen. Man erhält die gemessene Masse nämlich, indem man die invariante Masse mit der *Zeit* multipliziert, die beim Durchlaufen der Einheit des Abstandes verstreicht; den Impuls erhält man, indem man dieselbe invariante Masse mit der *Entfernung* multipliziert, die beim Durchlaufen der Einheit des Abstandes (in der gegebenen Richtung) zurückgelegt wird. In einer raumzeitlichen Betrachtungsweise gehören diese beiden Größen natürlich zusammen.

Obwohl die gemessene Masse eines Körpers davon abhängt, wie sich der Beobachter relativ zu ihm bewegt, ist sie doch eine sehr wichtige Größe. Die Erhaltung der gemessenen Masse ist dasselbe wie die Erhaltung der Energie. Das mag überraschend erscheinen, da Masse und Energie auf den ersten Blick sehr verschiedene Dinge sind. Aber es hat sich herausgestellt, daß Energie dasselbe ist wie gemessene Masse. Es ist nicht leicht, zu erklären, wie das kommt: trotzdem wollen wir es aber versuchen.

In der Alltagssprache bedeuten ›Masse‹ und ›Energie‹ keineswegs dasselbe. Das Wort ›Masse‹ weckt in uns die Vorstellung eines dicken Mannes in einem Lehnstuhl, dessen Bewegungen sehr langsam sind, während wir bei ›Energie‹ an einen dünnen Menschen voller Geschäftigkeit und Tatendrang denken. Die Alltagssprache verbindet ›Masse‹ mit ›Trägheit‹, aber ihre Auffassung von Trägheit ist einseitig: sie enthält die Vorstellung, daß eine Bewegung langsam in Gang kommt, aber nicht die, daß sie auch langsam aufhört, was ebenso zum Begriff der Trägheit gehört. Alle diese Ausdrücke haben in der Physik eine Spezialbedeutung, die mit der Bedeutung in der Alltagssprache nur in einem mehr oder weniger losen Zusammenhang steht. Im Augenblick wollen wir uns mit der physikalischen Bedeutung von ›Energie‹ beschäftigen.

Während der zweiten Hälfte des 19. Jahrhunderts spielte die ›Erhaltung der Energie‹ oder die ›Beständigkeit der Kraft‹, wie Herbert Spencer gern sagte, eine große Rolle. Wegen der verschiedenen Formen der Energie war es nicht leicht, dieses Prinzip in einfacher Weise zu formulieren; am wichtigsten daran war aber die Aussage, daß Energie nie erzeugt oder vernichtet wird, obwohl sie von einer Form in eine andere umgewandelt werden kann. Das Prinzip erlangte seine Bedeutung durch Joules Entdeckung des ›mechanischen Wärmeäquivalents‹, wodurch gezeigt wurde, daß zwischen der Arbeit, die nötig ist, um eine gegebene Wärmemenge zu erzeugen, und der Arbeit, die nötig ist, um ein gegebenes Gewicht um eine gegebene Strecke zu heben, ein konstantes Verhältnis besteht: Tatsächlich könnte man dieselbe Art von Arbeit je nach dem benutzten Mechanismus für jeden der beiden Zwecke verwenden. Als man entdeckte, daß Wärme in der Bewegung von Molekülen besteht, erschien es ganz natürlich, daß sie anderen Formen der Energie entsprach. Grob gesprochen wurden mit Hilfe eines gewissen Maßes an Theorie alle Formen der Energie auf zwei zurückgeführt, die man als ›kinetische‹ und als ›potentielle‹ Energie bezeichnete. Man definierte sie folgendermaßen:

Die kinetische Energie eines Teilchens ist das Produkt aus

seiner halben Masse und dem Quadrat seiner Geschwindigkeit. Die kinetische Energie mehrerer Teilchen ist die Summe der kinetischen Energien der einzelnen Teilchen.

Die potentielle Energie ist schwieriger zu definieren. Der Begriff steht für jeden Spannungszustand, der nur durch Anwendung von Kraft aufrechterhalten werden kann. Um den einfachsten Fall zu nehmen: Wenn ein Gewicht auf eine bestimmte Höhe gehoben und dort festgehalten wird, hat es potentielle Energie, denn wenn man es losläßt, dann fällt es. Seine potentielle Energie ist gleich der kinetischen Energie, die es erlangt, wenn es die gleiche Strecke fällt, die es hinaufgehoben worden ist. Ähnlich ist es mit einem Kometen, der die Sonne auf einer sehr exzentrischen Bahn umkreist: In der Nähe der Sonne bewegt er sich viel schneller als in größerer Entfernung von ihr, so daß seine kinetische Energie in Sonnennähe viel größer ist. Andererseits ist seine potentielle Energie am größten, wenn er am weitesten von der Sonne entfernt ist, weil er dann dem Stein gleicht, der auf eine bestimmte Höhe gehoben worden ist. Die Summe der kinetischen und potentiellen Energie des Kometen ist konstant, falls er nicht mit irgend etwas zusammenstößt oder einen Teil seiner Materie verliert. Wir können die *Veränderung* der potentiellen Energie eines Körpers bei der Bewegung von einem Punkt zum anderen genau bestimmen, aber der Gesamtbetrag ist bis zu einem gewissen Grad willkürlich, denn wir können den Nullpunkt ansetzen, wo wir wollen. Als potentielle Energie unseres Steines kann zum Beispiel die kinetische Energie angesehen werden, die er beim Fall bis zur Erdoberfläche erreicht oder beim Fall in einen Brunnenschacht, der bis zum Erdmittelpunkt geht, oder auf irgendeiner kürzeren Strecke. Es spielt keine Rolle, welche Strecke wir nehmen, solange wir nur bei unserer Entscheidung bleiben. Wir haben es hier mit einer Gewinn- und Verlustrechnung zu tun, die unberührt bleibt von dem Guthaben, mit dem wir beginnen.

Sowohl die kinetische als auch die potentielle Energie einer gegebenen Anzahl von Körpern ist für verschiedene Beobachter verschieden. In der klassischen Dynamik änderte sich die kinetische Energie je nach dem Bewegungszustand des Beobachters, aber jeweils nur um einen konstanten Betrag; die potentielle Energie änderte sich gar nicht. Folglich war für jeden Beobachter die gesamte Energie konstant – immer angenommen, daß die betreffenden Beobachter sich geradlinig und mit gleichförmiger Geschwindigkeit bewegten oder daß es ihnen im anderen Fall möglich war, ihre Bewegung auf Körper zu beziehen, die sich in dieser Weise bewegten. Aber in der relativistischen Dynamik wird die Sache komplizierter. Die Newtonschen Begriffe der kinetischen und potentiellen Energie können ohne viel Schwierigkeiten an die Spezielle Relativitätstheorie angepaßt werden. Aber es führt zu keinem brauchbaren Ergebnis, wenn wir den Begriff der potentiellen Energie an die Allgemeine Relativitätstheorie anzupassen versuchen, und wir können den Begriff der kinetischen Energie auch nicht verallgemeinern, außer für einen einzelnen Körper. Daher kann der Satz von der Erhaltung der Energie in dem gewöhnlichen Newtonschen Sinne nicht aufrechterhalten werden. Der Grund liegt darin, daß die Begriffe der kinetischen und potentiellen Energie eines Systems von Körpern auf Vorstellungen basieren, die sich auf ausgedehnte Gebiete des Raum-Zeit-Kontinuums beziehen. Der außerordentlich große Spielraum in der Wahl von Koordinaten und der hügelige Charakter des Raum-Zeit-Kontinuums – beides wurde im 8. Kapitel erklärt – machen es zusammen sehr schwierig, Begriffe dieser Art in die Allgemeine Relativitätstheorie einzuführen. Es gibt auch in der Allgemeinen Relativitätstheorie einen Erhaltungssatz, aber er ist weniger nützlich als der Erhaltungssatz in der Mechanik Newtons und in der Speziellen Relativitätstheorie, weil er auf eine schwer verständliche Weise von der Wahl der Koordinaten abhängt. Wir haben gesehen, daß die Unabhängigkeit von der Wahl der Koordinaten ein Grundprinzip in der Allgemeinen Relativitätstheorie ist, und der Erhaltungssatz ist suspekt, weil er mit diesem Prinzip kollidiert. Ob das bedeutet, daß der Erhaltungssatz von nicht so grundlegender Bedeutung ist, wie man bisher dachte, oder ob ein befriedigendes Erhaltungsgesetz noch in den mathematischen Komplexitäten der Relativitätstheorie verborgen liegt, das ist eine Frage, die noch beantwortet werden muß. Bis dahin müssen wir uns in der Allgemeinen Relativitätstheorie damit begnügen, daß der Begriff der kinetischen Energie nur auf das einzelne Teilchen anwendbar ist. Das ist alles, was wir im folgenden Gedankengang brauchen. Man sollte jedoch nicht vergessen, daß diese Schwierigkeiten mit der Erhaltung der Energie sich nur in der Allgemeinen Relativitätstheorie erheben. Immer wenn man die Schwerkraft vernachlässigen kann und die Spezielle Relativitätstheorie anwendbar wird, gilt das Gesetz von der Erhaltung der Energie.

Was man in der Praxis unter ›Erhaltung‹ versteht, ist nicht genau dasselbe wie in der Theorie. In der Theorie sagen wir, daß eine Größe erhalten ist, wenn ihr Gesamtbetrag in der Welt in jedem Augenblick so groß ist wie in jedem anderen. Aber in der Praxis können wir nicht die ganze Welt überschauen und müssen deshalb dem Begriff eine etwas leichter zu handhabende Bedeutung geben. Er bedeutet dann, daß sich in jedem gegebenen Gebiet der Betrag der betreffenden Größe nur dann ändert, wenn ein Teil davon die Grenzen des Gebietes überschreitet. Wenn es keine Geburten oder Sterbefälle gäbe, so bliebe die Bevölkerungszahl erhalten; in diesem Fall könnte sich die Bevölkerung eines Landes nur durch Aus- oder Einwanderungen, das heißt durch Grenzüberschreitungen, ändern. Es könnte sein, daß wir nicht imstande sind, in China oder Zentralafrika eine genaue Volkszählung durchzuführen, und aus diesem Grund wäre es uns vielleicht unmöglich, die Größe der Gesamtbevölkerung der Erde festzustellen. Aber es wäre gerechtfertigt, sie als konstant anzunehmen, wenn die Bevölkerungszahl überall dort, wo Statistiken möglich sind, sich nur dadurch änderte, daß Menschen die Grenzen überquerten. In Wirklichkeit bleibt die Bevölkerungszahl natürlich nicht erhalten. Ein mir bekannter Physiologe hat einmal vier Mäuse in eine Thermosflasche gesetzt. Einige Stunden später, als er sie wieder herausnehmen wollte, waren es elf. Aber die Masse ist derartigen Schwankungen nicht unterworfen: Die Masse der elf Mäuse am Ende der Zeitspanne war nicht größer als die Masse der vier am Anfang.

Das führt uns zu dem Problem zurück, um dessentwillen wir über die Energie gesprochen haben. Wir haben behauptet, daß in der Relativitätstheorie gemessene Masse und Energie als ein und dasselbe angesehen werden, und wir haben versprochen, zu erklären, warum das so ist. Es ist jetzt Zeit, mit dieser Erklärung zu beginnen. Aber hier wie schon am Ende des 6. Kapitels wird der mathematisch völlig ungebildete Leser gut daran tun, weiterzublättern und erst wieder mit dem folgenden Kapitel zu beginnen.

Wir wollen die Lichtgeschwindigkeit als Einheit der Geschwindigkeit nehmen; das ist in der Relativitätstheorie immer praktisch. m soll die Ruhmasse eines Teilchens sein, v seine Geschwindigkeit relativ zu einem Beobachter. Dann ist seine gemessene Masse

$$\frac{m}{\sqrt{1 - v^2}},$$

während seine kinetische Energie nach der üblichen Formel

$$\tfrac{1}{2}\, m\, v^2$$

beträgt.

Wie wir schon gesehen haben, tritt die Energie nur in einer Gewinn- und Verlustrechnung auf, so daß wir jede beliebige konstante Größe zu ihr hinzufügen können. Wir können deshalb auch sagen, die Energie sei

$$m + \tfrac{1}{2}\, m v^2.$$

Ist nun v ein kleiner Bruchteil der Lichtgeschwindigkeit, so ist $m + \frac{1}{2}\, m\, v^2$ fast gleich $\frac{m}{\sqrt{1 - v^2}}$. Folglich stellt sich heraus, daß für solche Geschwindigkeiten, wie sie bei großen Körpern vorkommen, Energie und gemessene Masse innerhalb der Grenzen der erreichbaren Genauigkeit ununterscheidbar sind. Tatsächlich ist es sogar besser, wenn wir unsere Definition der Energie ändern und sie gleich $\frac{m}{\sqrt{1-v^2}}$ setzen, weil dies die Größe ist, für die das Gesetz gilt, das dem Erhaltungssatz entspricht. Und wenn die Geschwindigkeit sehr groß ist, gibt diese Formel ein besseres Maß für die Energie als die herkömmliche. Diese muß deswegen als Näherungsformel für denjenigen Ausdruck betrachtet werden, dessen genaue Version die neue Formel liefert. Auf diese Weise werden Energie und gemessene Masse identifiziert.

Ich komme jetzt zum Begriff ›Wirkung‹, der der breiten Öffentlichkeit weniger bekannt ist als der Begriff ›Energie‹, der aber in der relativistischen Physik ebenso wie in der Quantentheorie an Bedeutung gewonnen hat. (Das Plancksche ›Quantum‹ ist eine kleine Wirkungsmenge.) Das Wort ›Wirkung‹ benutzt man für das Produkt aus Energie und Zeit. Das bedeutet: Wenn ein System eine Energieeinheit enthält, so übt es eine Wirkungseinheit in einer Sekunde aus, 100 Wirkungseinheiten in 100 Sekunden usw.; ein System, das 100 Energieeinheiten enthält, übt 100 Wirkungseinheiten in einer Sekunde aus und 10 000 in 100 Sekunden usw. ›Wirkung‹ ist also, grob gesagt, ein Maß für das, was geleistet worden ist: Sie wächst sowohl durch einen größeren Energieaufwand als auch durch Arbeit während einer längeren Zeit. Da nun Energie dasselbe wie gemessene Masse ist, können wir sagen, daß Wirkung das Produkt aus gemessener Masse und Zeit ist. In der klassischen Mechanik ist die ›Dichte‹ der Materie in einem Gebiet gleich der Masse dividiert durch das Volumen; wenn man also die Dichte in einem kleinen Gebiet kennt, erhält man den Gesamtbetrag der Materie, wenn man die Dichte mit dem Volumen des kleinen Gebietes multipliziert. In der Mechanik der Relativitätstheorie ersetzen wir immer den Raum durch die Raum-Zeit;

deshalb darf man unter einem ›Gebiet‹ nicht mehr nur ein Volumen verstehen, sondern ein Volumen während einer bestimmten Zeit, ein kleines Gebiet ist so ein kleines Volumen während einer kurzen Zeit. Daraus folgt, daß bei einer bestimmten Dichte ein kleines Gebiet im neuen Sinn nicht allein eine kleine Masse enthält, sondern eine kleine Masse, multipliziert mit einer kurzen Zeit, das heißt einen kleinen Betrag an ›Wirkung‹. Das erklärt, warum man erwarten darf, daß ›Wirkung‹ in der Mechanik der Relativitätstheorie von grundlegender Bedeutung sein wird. Und so ist es tatsächlich.

Das Axiom, daß ein sich frei bewegendes Teilchen einer Geodäte folgt, kann durch eine äquivalente Annahme über die ›Wirkung‹ des Teilchens ersetzt werden. Eine solche Annahme wird als *Prinzip der kleinsten Wirkung* bezeichnet. Es besagt, daß ein Körper, der von einem Zustand in einen anderen übergeht, einen Weg wählt, mit dem weniger Wirkung verbunden ist als mit jedem anderen geringfügig abweichenden Weg – noch ein Gesetz der kosmischen Faulheit! Solche Prinzipien der kleinsten Wirkung sind nicht auf einzelne Körper beschränkt. Man kann eine ähnliche Annahme machen, die zu einer Beschreibung des Raum-Zeit-Kontinuums als Ganzem, mit allen Hügeln und Tälern führt. Solche Prinzipien, die eine zentrale Rolle sowohl in der Quantentheorie als auch in der Relativitätstheorie spielen, sind die umfassendste Methode, um den rein formalen Teil der Mechanik auszudrücken.

11. Kapitel

Das expandierende Universum

Bisher haben wir es mit Experimenten und Beobachtungen zu tun gehabt, von denen die meisten die Erde oder das Sonnensystem betreffen. Nur gelegentlich haben wir bis zu den Sternen ausgreifen müssen. In diesem Kapitel haben wir es mit viel weiteren Räumen zu tun: Wir werden sehen, was die Relativitätstheorie zum Universum als Ganzem zu sagen hat.

Die astronomischen Beobachtungen, über die wir jetzt sprechen, müssen als gesicherte wissenschaftliche Ergebnisse betrachtet werden. Der Charakter der theoretischen Erklärungen jedoch ist spekulativer, und man darf nicht meinen, daß diese Theorien ebenso fundiert seien wie die, mit denen wir uns bisher beschäftigt haben; sie sind sicherlich verbesserungsbedürftig. Es ist nicht das Ziel der Wissenschaft, unwandelbare Wahrheiten und ewige Dogmen aufzurichten: Ihr Ziel ist es, durch aufeinanderfolgende Näherungsschritte an die Wahrheit heranzukommen, und sie nimmt nicht für sich in Anspruch, auf irgendeiner Stufe endgültige und vollständige Genauigkeit erreicht zu haben.

Zunächst sind ein paar einleitende Erklärungen über die allgemeine Struktur des Universums nötig. Man weiß heute viel über die Verteilung der Materie in sehr großem Maßstab. Unsere Sonne ist ein Stern in einem System von ungefähr 100 000 Millionen Sternen, das man ›die Milchstraße‹ nennt. Es hat die Form eines riesigen, rotierenden Feuerrades mit spiralförmigen Armen aus Sternen, die von einer hell leuchtenden Nabe in der Mitte ausgehen. Die Umrisse der Milchstraße sind nicht sehr scharf, aber die überwiegende Zahl der Sterne liegt in einem Raum, dessen Durchmesser ungefähr 100 000 Lichtjahre beträgt und dessen Höhe ungefähr 1/30 davon ist. (Ein Lichtjahr ist die Entfernung, die das Licht in einem Jahr zurücklegt – ungefähr 9,5 Billionen km.) Die Sonne liegt in einem der Spiralarme, ungefähr 30 000 Lichtjahre vom Mittelpunkt der Nabe entfernt. Was wir als Milchstraße sehen, das breite Band von Sternen, das sich über den ganzen Himmel hinwegzieht und das in einer klaren Nacht gut erkennbar ist, ist nur die Seitenansicht der gesamten Milchstraße von unserer Position im Spiralarm aus.

Außer Sternen enthält die Milchstraße sehr viel Gas, meist Sauerstoff, und Staub. Die Gesamtmasse von Gas und Staub ist wahrscheinlich 1/4 der Gesamtmasse aller Sterne zusammen. Die ganze Ansammlung von Sternen, Staub und Gas rotiert langsam um die Nabe. Die Rotationsgeschwindigkeit ändert sich mit der Entfernung von der Nabe: Die Sonne zum Beispiel braucht ungefähr 250 Millionen Jahre, um einmal die ganze Runde zu machen.

Die Milchstraße ist keineswegs allein im Universum. Sie ist eines von vielen Millionen ähnlicher Systeme, die verstreut sind über das ganze Gebiet, das unsere Teleskope erforschen können. Die anderen Systeme werden Galaxien genannt – was nur ein Fremdwort für Milchstraße ist – oder manchmal auch Nebel. Manche Galaxien sind plattgedrückt, und ihre Spiralarme gleichen denen unserer Milchstraße, andere sind rund wie ein Fußball oder eiförmig wie ein Rugby-Ball, wieder andere sind ganz unregelmäßig geformt.

Galaxien zeigen eine deutliche Tendenz, in Gruppen aufzutreten. Diese Gruppen werden Nebelhaufen genannt. Ein einziger Nebelhaufen kann bis zu 1000 Galaxien enthalten, von denen jede ein ausgedehntes Sternensystem wie das unsrige ist. Unsere eigene Galaxie gehört zu einem Nebelhaufen, der ›lokale Gruppe‹ genannt wird und in dem es ungefähr 17 andere Galaxien gibt (wir können nicht ganz sicher sein, wie viele es sind, da einige der mutmaßlichen Mitglieder vergleichsweise klein sind und sehr schwach leuchten). Am besten von allen Nachbarn in unserer Gruppe kennen wir den Großen Andromedanebel, der ungefähr 2 000 000 Lichtjahre entfernt ist. Er ist für das bloße Auge schwach sichtbar.

Nebelhaufen sind die größten leicht identifizierbaren Einheiten der Materie im Universum. Es gibt einige Hinweise auf Gruppierungen in noch größeren Einheiten, wir könnten sagen in Haufen von Haufen, aber das ist noch nicht sicher. Davon abgesehen, scheint die Verteilung der Nebelhaufen ziemlich gleichmäßig zu sein. In einem Teil des Himmels gibt es ungefähr genauso viele wie in einem anderen, und sie scheinen auch in der Tiefe gleichmäßig verteilt zu sein. Natürlich sind die Abstände der Nebelhaufen nicht so gleichmäßig wie die Teilstriche auf einem Metermaß. Sie sind willkürlich verteilt wie Regentropfen auf einer Fensterscheibe, kurz nachdem es zu regnen angefangen hat. Die Verteilung der Nebelhaufen ist in demselben Sinne gleichmäßig, wie die Verteilung der Regentropfen gleichmäßig ist – man kann nicht sagen, daß die Zahl der Regentropfen auf jeder Fensterscheibe die gleiche ist, aber die Zahl unterscheidet sich nicht sehr von einer Fensterscheibe zur anderen.

Da die Nebelhaufen die größten natürlichen Einheiten sind und da wir schon eine große Zahl dieser Einheiten sehen können, ist es vernünftig, anzunehmen, daß der Teil des Universums, den wir mit den vorhandenen Teleskopen sehen können, typisch für das Universum als Ganzes ist. Wir haben keine Veranlassung, anzunehmen, daß das Gebiet der gleichmäßigen Verteilung genau so weit reicht, wie wir mit unseren Teleskopen jetzt sehen können (das sind ungefähr 3500 Millionen Lichtjahre), und daß die nächste Verbesserung der Beobachtungsmöglichkeiten entferntere Gebiete mit ganz anderem Charakter enthüllen wird. Das wäre zwar nicht unmöglich, aber es würde bedeuten, daß die lokale Gruppe oder ein Punkt in der Nähe eigens als Zentrum des gleichförmigen Gebiets ausgewählt wäre, während es doch keinen wissenschaftlichen Grund zu der Annahme gibt, daß sie in dieser Weise ausgezeichnet ist.

Die Vorstellung von der Uniformität des Universums im Großen, auf die man schon kam, lange bevor es zureichende astronomische Beweise dafür gab, hat nun den Charakter eines grundlegenden Postulats angenommen. Man nennt es gewöhnlich das ›kosmologische Prinzip‹. Das kosmologische Prinzip ist eigentlich nur eine Erweiterung der kopernikanischen Ideen. Sobald wir den egozentrischen Glauben, daß die Erde im Mittelpunkt aller Dinge steht, aufgeben, müssen wir auch erkennen, daß die Sonne, die ein gewöhnlicher Stern ist, keinen größeren Anspruch auf einen besonderen Platz in dem von uns beschriebenen Universum hat als die Erde. Wenn wir feststellen, daß unsere Galaxie und der Haufen, zu dem sie gehört, ebenfalls typische Exemplare sind, dann müssen auch sie logischerweise mit anderen, gleichen Objekten auf eine Ebene gestellt werden. Es gibt auch keinen empirischen Grund für die Annahme, daß die Gesetze der Physik sich systematisch von einem Nebelhaufen zum anderen ändern.

Wir schließen aus solchen Überlegungen, daß das Universum im Großen gleichförmig ist. Mit anderen Worten, es entspricht dem kosmologischen Prinzip.

Was das bedeutet, läßt sich noch auf eine etwas andere Weise ausdrücken. Angenommen, man hätte Sie in einen Kasten ohne Fenster gesetzt und in einen entfernten Teil des Universums gebracht. Wenn Sie den Kasten verlassen dürften, würden Sie natürlich nicht die spezielle Verteilung von Sternen und Galaxien sehen, die von der Erde aus sichtbar ist – die geographischen Einzelheiten ihrer neuen Umgebung wären anders –, aber gemäß dem kosmologischen Prinzip wäre das Aussehen des Universums im Großen das gleiche. Nur auf Grund von Einzelheiten wäre es Ihnen möglich, festzustellen, in welchem Teil des Universums Sie sich befinden.

Es gibt eine sehr bemerkenswerte Erscheinung, die uns zu der Annahme hätte führen können, daß unsere lokale Gruppe trotz allem eine besondere Stellung im Universum einnimmt. Das ist die sogenannte ›Rotverschiebung‹ im Spektrum entfernter Galaxien. Wie wir jetzt sehen werden, ist diese Erscheinung der Grund für die Behauptung, das Universum dehne sich aus.

Wir haben es hier mit einem Effekt zu tun, der im 9. Kapitel* erklärt wurde, obwohl es uns in diesem Kapitel nicht speziell darum ging. Sie erinnern sich bestimmt an die Analogie mit dem Schall, die wir dort einführten: Wenn ein Zug sich auf uns zubewegt, dann ist sein Pfeifton höher, als wenn er stillsteht, während er tiefer ist, wenn der Zug sich von uns entfernt. Beim Licht sind diese Effekte sehr ähnlich. Wenn die Lichtquelle sich auf uns zubewegt, dann ist das gesamte Lichtspektrum zum Violett hin verschoben; wenn die Lichtquelle sich von uns entfernt, dann verschiebt sich das gesamte Spektrum zum Rot hin. Diese Verschiebungen des Spektrums entsprechen der Änderung der Tonhöhe beim pfeifenden Zug. Das Ausmaß der Verschiebung hängt ab von der Geschwindigkeit der Lichtquelle relativ zu uns. (Das hat nichts mit der Lichtgeschwindigkeit selbst zu tun, die, wie wir gesehen haben, unabhängig von der Bewegung der Lichtquelle ist.) Diese Verschiebung im Spektrum liefert ein Hilfsmittel zur Bestimmung der Geschwindigkeit von Sternen und Galaxien, wenn man nämlich die Spektren des von ihnen ausgesandten Lichtes vergleicht mit ähnlichen Spektren, die man in irdischen Laboratorien hergestellt hat. Die auf diese Weise gemessenen Geschwindigkeiten der Galaxien in der lokalen Gruppe reichen bis zu ungefähr 500 km in der Sekunde. Das ist nach alltäglichen Maßstäben sehr schnell, aber wegen der großen Entfernungen zwischen den Galaxien würde es Millionen von Jahren dauern, bevor sich irgendeine merkliche Veränderung in ihren Positionen ergäbe.

Einige der Galaxien in der lokalen Gruppe bewegen sich auf uns zu, andere von uns weg. An dieser Bewegung ist nichts Bemerkenswertes; man könnte sie mit der Bewegung eines Bienenschwarms vergleichen. Die Bienen bewegen sich relativ zueinander, aber der Schwarm als Ganzes bleibt zusammen. Die Sache sieht ganz anders aus, wenn wir andere Nebelhaufen als un-

* Auf Seite 102f.

seren eigenen untersuchen. Auch hier gibt es wieder Bewegungen innerhalb jedes Nebelhaufens, aber alle anderen Haufen scheinen sich von unserem eigenen *fort*zubewegen, und zwar um so schneller, je weiter sie weg sind. Diese bemerkenswerte Erscheinung führt uns zu der Vermutung, das Universum dehne sich aus.

Da alle anderen Nebelhaufen sich von dem unseren fortzubewegen scheinen, könnten wir zu der Auffassung neigen, die lokale Gruppe befinde sich auf irgendeine Art im Zentrum des expandierenden Universums. Dieser Schluß wäre falsch, weil er den relativen Charakter der Bewegung nicht beachtete, der wiederholt in diesem Buch dargelegt worden ist. Betrachten wir noch einmal den Vergleich mit den Bienenschwärmen. Nehmen wir an, die Schwärme seien sehr gut dressiert und schwebten in Abständen von 10 m in einer ostwestlichen Linie in der Luft. Nehmen wir weiter an, daß einer der Schwärme relativ zum Boden in Ruhe bleibt, während der Schwarm 10 m weiter östlich davon sich mit einer Geschwindigkeit von 1 m pro Minute nach Osten bewegt, der Schwarm 20 m weiter östlich sich mit 2 m pro Minute nach Osten bewegt usw., während die Schwärme westlich von dem in Ruhe befindlichen Schwarm sich mit den entsprechenden Geschwindigkeiten nach Westen bewegen. Dann wird es den Bienen in jedem Schwarm, ob er sich nun bewegt oder in Ruhe befindet, so vorkommen, als ob alle anderen Schwärme sich von dem ihren wegbewegten, mit Geschwindigkeiten, die ihren Entfernungen proportional sind. Wenn es nicht den Boden als Maßstab der Bewegungslosigkeit gäbe, dann hätte man keinen Grund zu der Annahme, daß einer der Schwärme auf bestimmte Weise vor den anderen ausgezeichnet sei.

Die Nebelhaufen verhalten sich ganz entsprechend. Natürlich sind sie unregelmäßig in alle Richtungen verteilt, statt eine Reihe zu bilden wie unsere gut dressierten Bienenschwärme, aber wie im Fall der Bienenschwärme scheint es Beobachtern in jedem Haufen so, als ob alle anderen sich von dem ihren wegbewegten. Da es im Universum keinen absoluten Maßstab der Ruhe gibt, ist der Eindruck der Expansion von jedem Nebelhaufen aus der gleiche.

Der nächste Nebelhaufen, der ungefähr 43 Millionen Lichtjahre entfernt ist und etwa 2500 Galaxien enthält, hat eine Rotverschiebung, die einer Fluchtgeschwindigkeit von 1200 km pro Sekunde entspricht. Der am weitesten entfernte Nebelhaufen, den man bisher untersuchte, hat eine mehr als hundertmal so große Rotverschiebung, entsprechend einer Fluchtgeschwindigkeit, die fast halb so groß wie die Lichtgeschwindigkeit ist. (Fluchtgeschwindigkeiten, die so großen Rotverschiebungen entsprechen, müssen auf der Grundlage der Lorentztransformation, die im 6. Kapitel angegeben wurde, berechnet werden.)

Die größten astronomischen Rotverschiebungen, die bisher entdeckt wurden, hat man nicht bei entfernten Nebelhaufen gefunden, sondern bei den sogenannten ›quasistellaren Objekten‹ (Quasars), deren Rotverschiebungen Fluchtgeschwindigkeiten entsprechen, die bis zu $\frac{4}{5}$ der Lichtgeschwindigkeit betragen. Die Natur dieser Objekte ist jedoch nicht geklärt; daher können sie noch nicht richtig berücksichtigt werden, wenn man die astronomischen Daten benutzt, um ein theoretisches Modell zu konstruieren.

Wir wollen nun prüfen, wie diese Erkenntnisse über das Universum in die Allgemeine Relativitätstheorie eingefügt werden können. Wir haben gesehen, daß die Gravitationswirkungen der Sonne als die Wirkungen eines Hügels im Raum-Zeit-Kontinuum beschrieben werden können. Eine Galaxie oder ein Nebelhaufen kann auf dieselbe Art dargestellt werden, nur durch einen viel größeren Hügel, weil die Masse sehr viel größer ist. (Die Masse eines typischen Nebelhaufens ist ungefähr eine Billion mal so groß wie die der Sonne). Wenn wir versuchen sollten, in diese Beschreibung Einzelheiten über die Verteilung der Sterne in jeder Galaxie und der Galaxien in jedem Haufen einzubeziehen, so erhielten wir einen sehr komplizierten Berg mit vielen Gipfeln und Tälern. Wir könnten dann versuchen, das gesamte Universum so zu beschreiben, daß es sich durch ein Raum-Zeit-Kontinuum darstellen ließe, in dem Hügel, die für Nebelhaufen stehen, verstreut wären. Eine solche Beschreibung wäre mathematisch sehr kompliziert, weil sie viele ›geographische‹ Einzelheiten einschließen würde, die für eine Beschreibung der Gestalt des Universums im Großen nicht wesentlich sind. Um die Beschreibung zu vereinfachen, konstruieren wir Modelle, die diejenigen Züge, die wesentlich erscheinen, bewahren, während sie die geographischen Details übergehen. Die Züge, die wir beibehalten, sind die Uniformität im Großen und die Expansion. Die Einzelheiten, die wir weglassen, sind die genaue Position, die Größe und die Zusammensetzung der einzelnen Haufen.

Wir konstruieren also Raum-Zeit-Modelle, die das Universum repräsentieren sollen, indem wir annehmen, daß das Universum völlig – statt nur näherungsweise – gleichförmig ist. In diesen vereinfachten Modellen nehmen wir an, daß die Materie, statt in Haufen mit großen Zwischenräumen konzentriert zu sein, glatt und kontinuierlich verteilt ist.

Ebenso wie man die Ansammlung von Materie in einem Nebelhaufen beschreiben kann, indem man sagt, daß dort, wo wir den Haufen sehen, sich ein großer Hügel im Raum-Zeit-Kontinuum befindet, oder indem man sagt, daß das Raum-Zeit-Kontinuum in der Nähe des Haufens gekrümmt ist, kann die gleichmäßige Verteilung von Materie in einem geglätteten Modell des Universums durch die Aussage beschrieben werden, daß das Raum-Zeit-Kontinuum gleichmäßig gekrümmt ist. Diese Krümmung des Universums im Großen ist in etwa der Krümmung einer Kugel im gewöhnlichen Raum vergleichbar; aber wir wollen dieses Bild eines gekrümmten Universums mit raum-zeitlichen Hügeln nicht weiter ausführen, indem wir die Krümmung des Raum-Zeit-Kontinuums im Großen mit der Erdkrümmung vergleichen, weil das leicht irreführend werden könnte.

Einsteins Gravitationsgesetz, zusammen mit der Annahme

eines geglätteten Universums – der Annahme völliger Uniformität –, erlaubt es uns, mehrere verschiedene Modelle des Weltalls zu konstruieren, in denen die globale Krümmung eine Anzahl verschiedener Formen annimmt. Die wichtigste Folge dieser globalen Krümmung ist es, daß in einigen dieser Modelle die Spektren entfernter Objekte zum Rot hin verschoben sind. Es ist weitgehend Geschmackssache, ob diese Rotverschiebung einer Fluchtbewegung oder der Krümmung des Raum-Zeit-Kontinuums zugeschrieben wird. Dieser Effekt tritt in der einen oder anderen Form in Erscheinung, je nachdem, welches Koordinatensystem man zur Beschreibung des Universums benutzt. Die Vorhersagen der Relativitätstheorie hängen aber natürlich nicht von der Wahl des Koordinatensystems ab.

Die Weltmodelle, die wir gerade betrachtet haben, stimmen mehr oder weniger genau mit Beobachtungen über die globalen Eigenschaften unseres eigenen Universums überein. Es gibt andere, die ebenso mit Einsteins Gesetz und mit der Annahme der Gleichförmigkeit vereinbar sind, in denen jedoch statt einer Rotverschiebung eine Blauverschiebung, die einer Kontraktion des Universums entspricht, auftritt. Die Existenz solcher Modelle ist kein Grund dafür, Einsteins Theorie abzulehnen. Sie zeigt nur, daß die Theorie nicht vollständig ist – eine zusätzliche Annahme wird benötigt, um die unerwünschten Modelle auszuschließen. Verschiedene Annahmen sind vorgeschlagen worden, aber eine völlig befriedigende hat man bisher nicht gefunden.

Wir wollen nun die Folgen der Expansion noch ein wenig genauer untersuchen und dabei immer im Gedächtnis behalten, daß alles, was wir sagen, wenn nötig auch in den Begriffen der raum-zeitlichen Krümmung ausgedrückt werden kann. Wenn sich das Universum sozusagen verdünnt, wenn sich also die Nebelhaufen weiter und weiter voneinander entfernen, so ist die nächstliegende Folgerung, daß sie in der Vergangenheit dichter beisammengewesen sein müssen als jetzt. Angenommen, wir filmten das expandierende Universum während einer

Periode von vielen Millionen von Jahren, um so die ganze Geschichte der Expansion aufzunehmen. Wenn wir einen solchen Film rückwärts ablaufen ließen, dann würde er die Geschichte des Universums in umgekehrter Reihenfolge zeigen. Es sähe dann so aus, als ob sich alle Nebelhaufen einander näherten, statt sich voneinander zu entfernen. Während der Film rückwärts liefe, rückten sie immer dichter zusammen, bis sie vermutlich so dicht beieinander wären, daß es zwischen ihnen keine Lücken mehr gäbe. Noch ein wenig später wäre, wie wir annehmen dürfen, sogar der Raum zwischen den Sternen ausgefüllt, aller verfügbare Raum wäre nämlich mit stark verdichtetem heißem Gas erfüllt, aus dem sich die Sterne entwickelt haben könnten. Neuere astronomische Beobachtungen von kurzen Radiowellen scheinen die Existenz dieses stark verdichteten Zustandes zu bestätigen. Es scheint, daß ein gewisser Anteil der Radiowellen, die bei irdischen Empfängern ankommen, nicht der Ausstrahlung von Sternen oder interstellarem Gas zugeschrieben werden kann; dieser Anteil stimmt vielmehr ziemlich genau mit dem überein, was heute noch von der Strahlung sichtbar sein müßte, die im Universum in einem frühen Stadium vorhanden war, als die gesamte Materie sich in einem stark verdichteten Zustand befand; jedoch sind die Voraussagen der theoretischen Modelle für diesen verdichteten Zustand nicht allzu verläßlich. Was über die Quanteneigenschaften der Materie bekannt ist, läßt vermuten, daß die Quanteneffekte, wenn man weit genug zurückgeht, sehr wichtig gewesen sein müssen. Es gibt keine allgemeine Übereinstimmung darüber, bis zu welchem Zeitpunkt man zurückgehen muß, aber es scheint zumindest wahrscheinlich, daß in dem Stadium, in dem das gesamte jetzt sichtbare Universum auf die Größe, sagen wir, eines Protons, zusammengedrückt war, die Quanteneffekte nicht vernachlässigbar gewesen sein können. Wir haben gesehen, daß Einsteins Theorie nicht imstande ist, solche Effekte zu beschreiben, so daß es tatsächlich keine verläßlichen Informationen über die Natur des Universums in diesem Stadium seiner Expansion gibt. Außerdem folgt aus der Annahme von Quanteneffekten, daß nichts, was sich vor dem stark verdichteten Zustand ereignet hat, die folgende Entwicklung des Universums beeinflußt haben könnte. All das ist ziemlich spekulativ; wir können daraus nur schließen, daß dieser stark verdichtete Zustand – wenn das Universum sich tatsächlich aus ihm entwickelt haben sollte –, wohl die früheste Zeit ist, über die wir je wissenschaftliche Erkenntnisse erhalten werden. Ob es einen solchen Zustand wirklich gegeben hat oder nicht, ist noch umstritten: Die verfügbaren astronomischen Daten sind nicht genau genug, um diese Frage zu entscheiden. Jene Leute, die glauben, es habe ihn gegeben, neigen dazu, den stark verdichteten Zustand den ›Anfang des Universums‹ oder die ›Zeit der Erschaffung des Universums‹ oder so ähnlich zu nennen. Diese Ausdrücke bedeuten nichts anderes als ›die früheste Zeit, über die wir wahrscheinlich je wissenschaftliche Erkenntnisse erhalten werden‹, und es ist besser, sie zu vermeiden, weil sie unerwünschten metaphysischen Ballast tragen.

Es gibt noch andere Weltmodelle, die mit Einsteins Gravitationsgesetz vereinbar sind und in denen der stark verdichtete Zustand überhaupt nicht vorkommt. Das bekannteste von ihnen ist das sogenannte *steady-state*-Modell. Wir haben gesehen, daß man nach dem kosmologischen Prinzip nicht sagen kann, wo im Universum man sich befindet. Aber zwei Astronomen auf Planeten in verschiedenen Galaxien können angeben, *wann* sie sich befinden – beide werden zum Beispiel beobachten, daß das Universum sich im Verlauf der Expansion verdünnt, und sie können sich über die Zeit verständigen, zu der es sich ihrer Beobachtung nach bis zu einem gegebenen Grad verdünnt hat. Beim *steady-state*-Modell kann man genausowenig sagen, *wann* man sich befindet, wie man sagen kann, *wo* man sich befindet. Man nimmt also beim *steady-state*-Modell an, daß das Universum immer dasselbe Erscheinungsbild im Großen zeigt, nicht nur für Astronomen an verschiedenen Orten, sondern auch für Astronomen am selben oder an verschiedenen Orten zu verschiedenen Zeiten. Die Aufspaltung in Raum und Zeit, die hier zu geschehen scheint, widerspricht der Relativitätstheorie nicht – sie trifft nur für Astronomen zu, die sich mit den Nebelhaufen bewegen. Ein Astronom, dessen Geschwindigkeit davon wesentlich verschieden ist, würde eine kompliziertere Beschreibung des Universums geben; wir ziehen es natürlich vor, uns mit den Astronomen zu beschäftigen, deren Beschreibungen am einfachsten sind.

Damit sich das Erscheinungsbild des Universums im Großen trotz der Ausdehnung nicht mit der Zeit ändert, ist es offensichtlich notwendig, daß im Verlauf der Verdünnung der Nebelhaufen neue Haufen zwischen ihnen auftauchen und die Lücken ausfüllen. Woher sollen die neuen Nebelhaufen kommen? Nach der *steady-state*-Theorie muß im intergalaktischen Raum genau in dem Maß neue Materie entstehen, wie es nötig ist, um die Verdünnung auszugleichen, die durch die Expansion verursacht wird. Man kann vermuten, daß diese Materie zunächst in der Form von Wasserstoffgas auftritt, aus dem sich dann nacheinander Sterne, Galaxien und Nebelhaufen bilden. Die Geschwindigkeit, mit der nach dieser Annahme der Wasserstoff entsteht, ist sehr gering – alle tausend Jahre ein Atom in einem Raum von der Größe der St.-Pauls-Kathedrale –, zu gering, als daß man diese Möglichkeit durch direkte Beobachtung ausschließen könnte, aber groß genug, um die durch die Expansion bedingte Verdünnung auszugleichen. Der Vorgang, durch den der Wasserstoff entsteht, wird oft ›ständige Schöpfung‹ genannt, aber dies ist ebenso ein Ausdruck mit metaphysischem Beigeschmack, und er sollte besser nicht verwendet werden. Auf den ersten Blick könnte es scheinen, als widerspräche ein solcher Vorgang den Gesetzen der Energieerhaltung, die ein Teil der Einsteinschen Theorie sind. Wenn man jedoch die globale Krümmung des Universums berücksichtigt, stellt es sich heraus, daß der angenommene Vorgang völlig mit der Relativitätstheorie in Einklang steht. Natürlich kann die Geschwindigkeit, mit der die neuen Atome entstehen, nicht beliebig sein; die neuen Atome müssen mit genau der Geschwindigkeit erzeugt werden, die nötig ist, um die Folgen der Expansion auszugleichen.

Wie die Dinge gegenwärtig stehen, sind einige der Weltmodelle, die eine Expansion von einem stark verdichteten Zustand aus annehmen, am leichtesten mit den astronomischen Daten zu vereinbaren. Sie alle haben Mängel, von denen der augenfälligste die Tatsache ist, daß sie nur ein geglättetes Bild geben, das Größe und Zusammensetzung der Galaxien und Nebelhaufen nicht berücksichtigt. Das *steady-state*-Modell kann diesen Mangel bis zu einem gewissen Grad beheben, aber es gibt keine befriedigende Erklärung für gewisse andere Daten, zum Beispiel für die, welche auf einen stark verdichteten Zustand in der fernen Vergangenheit hinweisen.

Die Konstruktion eines völlig befriedigenden Modells hängt von der Lösung einiger schwieriger mathematischer Probleme ab; welches der zur Verfügung stehenden Modelle zu einer bestimmten Zeit vorzuziehen ist, ist von den astronomischen Daten abhängig.

12. Kapitel

Konventionen und Naturgesetze

Bei allen Streitfragen gehört es zu den schwierigsten Dingen, einen Streit um Worte von einem Streit um Tatsachen zu unterscheiden: Eigentlich sollte das ganz leicht sein, aber in der Praxis ist es schwer – in der Physik wie anderswo. Im 17. Jahrhundert stritt man sich heftig über die Frage, was ›Kraft‹ sei; uns ist es heute ganz klar, daß der Streit nur darum ging, wie das Wort ›Kraft‹ zu definieren sei, aber damals glaubte man, es ginge um viel mehr. Der Zweck der Tensorrechnung, die man in der Mathematik verwendet, ist es unter anderem, alles rein Verbale (in einem erweiterten Sinn) aus den physikalischen Gesetzen zu eliminieren. Es liegt natürlich auf der Hand, daß alles, was von der Wahl der Koordinaten abhängt, ›verbal‹ in dem hier gemeinten Sinn ist. Wenn jemand ein Boot stakt, so stößt er seine Stange in den Grund und geht das Boot entlang zum Heck, bleibt aber in einer festen Position, bezogen auf das Flußbett, solange er seine Stange nicht herauszieht. Die Liliputaner würden wahrscheinlich endlose Debatten darüber führen, ob er vorwärts geht oder auf der Stelle tritt; der Streit ginge um Worte, nicht um Tatsachen. Wenn wir Koordinaten wählen, die relativ zum Boot fest sind, dann geht er vorwärts; wenn wir Koordinaten wählen, die relativ zum Flußbett fest sind, dann tritt er auf der Stelle. Wir möchten die physikalischen Gesetze aber auf eine solche Weise ausdrücken, daß man es sofort sieht, wenn dasselbe Gesetz in zwei verschiedenen Koordinatensystemen ausgedrückt ist, so daß wir nicht zu dem Glauben verführt werden, wir hätten zwei verschiedene Gesetze vor uns, wo es sich doch um ein und dasselbe Gesetz, ausgedrückt in verschiedenen Worten, handelt. Das erreicht man durch die Tensorrechnung. Manche Gesetze, die in einer Sprache plausibel klingen, lassen sich nicht in eine andere übersetzen; sie sind als Naturgesetze nicht geeignet. Die Gesetze, die sich in *jede* Koordinatensprache übersetzen lassen, haben bestimmte charakteristische Eigenschaften: Das ist eine wesentliche Hilfe bei der Suche nach Naturgesetzen, die nach der Relativitätstheorie zulässig sind. Von den danach möglichen Gesetzen wählen wir das einfachste, das die wirkliche Bewegung von Körpern richtig voraussagt: Logik und Erfahrung müssen im gleichen Verhältnis zusammenwirken, um dieses Gesetz zu finden.

Aber die Aufgabe, zu echten Naturgesetzen zu gelangen, läßt sich nicht allein durch die Tensorrechnung lösen; viel sorgfältiges Nachdenken ist außerdem dazu nötig. Einiges ist in dieser Richtung schon geschehen, besonders durch Eddington; viel bleibt aber noch zu tun übrig.

Um ein einfaches Beispiel zu nehmen: Stellen wir uns vor, daß Längen wie bei der Lorentzkontraktion in der einen Richtung kürzer sind als in der anderen. Nehmen wir an, daß ein Maßstab, wenn er nach Norden zeigt, nur halb so lang ist wie derselbe Maßstab, wenn er nach Osten zeigt, und daß das auch für alle anderen Körper gilt. Hat eine solche Hypothese irgendeinen Sinn? Wenn wir eine Angelrute haben, die 5 m lang ist, wenn sie nach Westen zeigt, und wir drehen sie dann nach Norden, so mißt sie immer noch 5 m, weil unser Maßstab ebenfalls zusammengeschrumpft ist. Sie wird auch nicht kürzer ›aussehen‹, weil unser Auge in der gleichen Art beeinflußt wird. Wenn wir die Veränderung feststellen wollen, so ist das nicht durch gewöhnliche Messungen möglich: wir müssen eine ähnliche Methode wie beim Michelson-Morley-Experiment anwenden, bei dem die Lichtgeschwindigkeit zur Längenmessung benutzt wird. Dann müssen wir uns noch entscheiden, ob es einfacher ist, anzunehmen, daß Längen sich ändern oder daß die Geschwindigkeit des Lichtes sich ändert. Das Experiment würde ergeben, daß das Licht, um eine durch unseren Maßstab bestimmte Entfernung zurückzulegen, in der einen Richtung länger braucht als in der anderen – oder, wie im Michelson-Morley-Experiment, daß es länger brauchen sollte, aber nicht länger braucht. Wir können unsere Messungen mit einer solchen Tatsache auf verschiedene Arten in Einklang bringen; welche wir auch wählen, immer wird ein Element der Konvention darin enthalten sein. Dieses Element überträgt sich auf die Gesetze, zu denen wir gelangen, nachdem wir unsere Entscheidung bezüglich der Messungen getroffen haben, und oft ist es subtil und schwer greifbar. Tatsächlich ist es außerordentlich schwierig, dieses konventionelle Element auszuschalten; je mehr man sich in die Sache vertieft, um so besser erkennt man, wie groß die Schwierigkeit ist.

Ein Beispiel von größerer Bedeutung ist das Problem der Größe des Elektrons. Wir stellen experimentell fest, daß alle Elektronen die gleiche Größe haben. Inwieweit ist das eine echte, durch das Experiment gesicherte Tatsache, und inwieweit ist es ein Resultat unserer Meßkonventionen? Wir müssen hier zwei verschiedene Vergleiche anstellen: 1. zwischen einem Elektron zu verschiedenen Zeiten; 2. zwischen zwei Elektronen zur selben Zeit. Wir können dann, wenn wir 1. und 2. kombinieren, zum Vergleich zweier Elektronen zu verschiedenen Zeiten gelangen. Wir können jede Hypothese außer Betracht lassen, die alle Elektronen gleichermaßen betreffen würde; zum Beispiel wäre es zwecklos, anzunehmen, daß die Elektronen in einem Gebiet des Raum-Zeit-Kontinuums alle größer wären als in einem anderen. Eine solche Veränderung würde unsere Meßvorrichtungen genauso betreffen wie die gemessenen Gegenstände und hätte daher keine feststellbare Wirkung. Das ist gleichbedeutend mit der Aussage, daß überhaupt keine Veränderung stattfindet. Aber die Tatsache, daß zwei Elektronen zum Beispiel die gleiche Masse haben, kann nicht als bloße Folge einer Konvention angesehen werden. Bei genügend scharfer und genauer Beobachtung könnten wir die Wirkungen zweier verschiedener Elektronen auf ein drittes miteinander vergleichen; wenn sie unter gleichen Umständen gleich wären, könnten wir auf eine Gleichheit schließen, die nicht auf bloßer Konvention beruht.

Eddington beschreibt den Prozeß, um den es in den am weitesten entwickelten Teilen der Relativitätstheorie geht, als ›Aufbau der Welt‹. Das Gebäude, das errichtet werden soll, ist die physikalische Welt, wie wir sie kennen; der sparsame Architekt versucht, es mit einem möglichst geringen Aufwand an Material zu bauen. Das ist eine Aufgabe für Logik und Mathematik. Je größer unser technisches Geschick auf diesen beiden Gebieten ist, um so mehr wird das, was wir tun, wirkliches Bauen sein und um so weniger werden wir uns mit einem bloßen Steinhaufen zufriedengeben. Aber bevor wir die Steine, die die Natur liefert, für unseren Bau verwenden können, müssen wir sie behauen, um ihnen die richtige Form zu geben: All das gehört zur Tätigkeit des Bauens. Damit das überhaupt möglich ist, muß das Rohmaterial *irgendeine* Struktur haben – wir können sie uns etwa wie die Faser beim Bauholz vorstellen, aber fast jede Struktur ist brauchbar. Durch fortgesetzte mathematische Verfeinerung hobeln wir so lange an unseren ursprünglichen Forderungen herum, bis nicht mehr sehr viel von ihnen übrig bleibt. Hat das Rohmaterial dieses notwendige Minimum an Struktur, so können wir aus ihm einen mathematischen Ausdruck konstruieren, der die Eigenschaften hat, die zur Beschreibung der Welt, wie wir sie wahrnehmen, nötig sind – besonders zur Beschreibung der Erhaltungseigenschaften, die für Impuls und Energie (oder Masse) charakteristisch sind. Unser Rohmaterial bestand lediglich aus Ereignissen; aber wenn wir die Erfahrung machen, daß wir daraus etwas bauen können, was sich beim Messen so verhält, als werde es niemals erzeugt oder vernichtet, so ist es nicht verwunderlich, daß wir schließlich an ›Körper‹ glauben. Diese sind eigentlich nur mathematische Konstruktionen, die aus Ereignissen aufgebaut sind, aber auf Grund ihrer Beständigkeit sind sie in der Praxis wichtig, und unsere

Sinne (die sich vermutlich infolge von biologischen Bedürfnissen entwickelt haben) haben sich darauf eingestellt, diese Körper wahrzunehmen an Stelle der bloßen Abfolge von Ereignissen, die, theoretisch betrachtet, das Grundlegendere ist. Von diesem Standpunkt aus ist es erstaunlich, wie wenig von der wirklichen Welt die Naturwissenschaft enthüllt: Unser Wissen ist begrenzt, nicht nur durch das Element der Konvention, sondern auch durch die Auswahl, die unser Sinnesapparat trifft.

Insbesondere können Symmetriebedingungen vollständig durch unsere Meßkonventionen erzeugt werden, und es gibt keinen Grund für die Annahme, daß sie irgendeine Eigenschaft der wirklichen Welt wiedergeben. Selbst das Gravitationsgesetz kann nach Eddington als Ausdruck von Meßkonventionen betrachtet werden. »Wir haben gesehen«, sagt er, »daß den Messungen gewisse Konventionen zugrunde liegen, die in den gemessenen Raum eine Isotropie* und Homogenität hineinbringen, denen ursprünglich kein Gegenstück im Komplex der erfaßten Beziehungen entspricht. Diese Isotropie und Homogenität finden ihren genauen Ausdruck im Einsteinschen Gravitationsgesetz.«**

Die Grenzen, die unserer Erkenntnis durch die Selektivität unseres Sinnesapparates gesetzt sind, lassen sich am Beispiel der Unzerstörbarkeit der Energie verdeutlichen. Sie war nach und nach experimentell entdeckt worden und schien ein gesichertes empirisches Naturgesetz zu sein. Jetzt stellt es sich heraus, daß wir, ausgehend von unserem ursprünglichen Raum-Zeit-Kontinuum, einen mathematischen Ausdruck konstruieren können, der Eigenschaften hat, die ihn als unzerstörbar erscheinen lassen. Die Aussage, daß Energie unzerstörbar ist, hört dann auf, ein Satz der Physik zu sein, und wird statt dessen ein Satz der Lin-

* ›Isotrop‹ heißt ›gleich in allen Richtungen‹ – zum Beispiel bedeutet Isotropie, daß ein Maßstab, wenn er nach Norden zeigt, genauso lang ist, wie wenn er nach Osten zeigt.

** *Relativitätstheorie in mathematischer Behandlung*, S. 356. Siehe Fußnote auf S. 107.

guistik und einer der Psychologie. Als ein linguistischer Satz lautet sie: ›Energie‹ ist der Name des betreffenden mathematischen Ausdrucks; als Satz der Psychologie dagegen: Unsere Sinne sind so eingerichtet, daß wir etwas wahrnehmen, was ungefähr jenem mathematischen Ausdruck entspricht, und wir kommen ihm immer näher, je mehr wir unsere groben Sinneswahrnehmungen durch wissenschaftliche Beobachtung verfeinern. Das ist viel weniger, als die Physiker früher über die Energie zu wissen glaubten.

Der Leser könnte an dieser Stelle fragen: Was bleibt dann von der Physik noch übrig? Hier können wir einen Unterschied zwischen drei Teilen der Physik machen. Der erste Teil besteht aus allem, was zur Relativitätstheorie gehört, wenn man sie soweit wie möglich verallgemeinert. Zweitens gibt es Gesetze, die sich nicht in den Rahmen der Relativitätstheorie einordnen lassen. Der dritte Teil besteht aus dem, was man Geographie nennen könnte. Wir wollen jeden dieser Teile der Reihe nach betrachten.

Wenn man von allem absieht, was auf Konvention beruht, so lehrt uns die Relativitätstheorie, daß die Ereignisse im Universum eine vierdimensionale Ordnung haben und daß zwischen je zwei in dieser Ordnung benachbarten Ereignissen eine Beziehung besteht, die ›Abstand‹ genannt wird und die man messen kann, wenn man die nötigen Vorsichtsmaßregeln trifft. Sie lehrt uns auch, daß die Begriffe ›absolute Bewegung‹, ›absoluter Raum‹ und ›absolute Zeit‹ keine physikalische Bedeutung haben können; physikalische Gesetze, in denen diese Begriffe vorkommen, sind nicht akzeptabel. Das ist, für sich genommen, kaum ein physikalisches Gesetz, sondern eher eine nützliche Regel, mit deren Hilfe wir einige Gesetze, die in der Physik aufgestellt worden sind, als unbefriedigend zurückweisen können.

Darüber hinaus gibt es wenig in der Relativitätstheorie, was als physikalisches Gesetz betrachtet werden kann. Sie enthält eine Menge Mathematik, die zeigt, daß gewisse mathematisch konstruierte Größen sich so verhalten müssen, wie die Dinge, die wir wahrnehmen; und es gibt in ihr auch die Andeutung einer Brücke zwischen Psychologie und Physik, nämlich in der Theorie, daß unsere Sinne gerade für die Wahrnehmung dieser mathematisch konstruierten Größen eingerichtet sind. Aber beides gehört nicht zur Physik im strengen Sinn.

Der Teil der Physik, der im Augenblick noch nicht in die Relativitätstheorie einbezogen werden kann, ist umfangreich und wichtig. Nichts in der Relativitätstheorie zeigt, warum es Elektronen und Protonen geben sollte; die Relativitätstheorie liefert keine Erklärung für die Tatsache, daß die Materie in kleinen Klumpen auftritt. Das gehört vielmehr in den Bereich der Quantentheorie, die viele Eigenschaften der Materie im Kleinen erklärt. Man hat die Quantentheorie mit der Speziellen Relativitätstheorie in Einklang gebracht, aber bisher sind alle Versuche gescheitert, eine Synthese zwischen der Quantentheorie und der Allgemeinen Relativitätstheorie zustande zu bringen. Sehr große Schwierigkeiten scheinen einer Einbeziehung dieses Teils der Physik in den Rahmen der Allgemeinen Relativitätstheorie im Wege zu stehen. Gegenwärtig gibt es ebenso große Schwierigkeiten in der Quantentheorie selbst, und viele Physiker sind der Meinung, daß eine Synthese von Quantentheorie und Allgemeiner Relativitätstheorie einige dieser Schwierigkeiten lösen könnte. Die augenblickliche Lage ist, wie wir gesehen haben, die folgende: Die Allgemeine Relativitätstheorie erklärt recht zufriedenstellend die Eigenschaften der Materie im großen Maßstab, während die Quantentheorie recht zufriedenstellend die Eigenschaften der Materie in einem sehr kleinen Maßstab erklärt. Es gibt jedoch anscheinend keine Verbindung zwischen den beiden Theorien, außer daß ihnen beiden die Spezielle Relativitätstheorie zugrunde liegt. Diese Lage ist nicht befriedigend, und es ist unwahrscheinlich, daß es immer so bleibt. Einige Leute halten es für möglich, daß man die Allgemeine Relativitätstheorie so erweitern könnte, daß sie alle Tatsachen erklärt, die auch die Quantentheorie erklärt, aber auf eine befriedigendere Weise als die gegenwärtige Quantentheorie. Einstein gehörte gegen Ende seines Lebens zu denen, die diese Auffassung vertraten. Heute jedoch glauben die meisten Physiker, daß diese Meinung falsch ist.

Die Allgemeine Relativitätstheorie ist das extremste Beispiel einer Methode, die nur Nahewirkungen zuläßt. Die Gravitation braucht nicht länger als Wirkung der Sonne auf einen Planeten betrachtet zu werden, sondern man kann sie als Ausdruck der Eigenschaften des Gebietes, in dem sich der Planet gerade befindet, auffassen. Man nimmt an, daß sich diese Eigenschaften, während man sich von einem Teil des Raum-Zeit-Kontinuums zu einem anderen bewegt, Schritt für Schritt ändern, allmählich, kontinuierlich und nicht in plötzlichen Sprüngen. Die elektromagnetischen Erscheinungen lassen sich auf ähnliche Weise betrachten, aber sobald der Elektromagnetismus mit der Quantentheorie in Einklang gebracht wird, verändert sich sein Charakter völlig. Die Kontinuität verschwindet ganz, und an ihre Stelle tritt ein diskontinuierliches Verhalten, das, wie wir schon gesehen haben, typisch für die Quantentheorie ist. Wenn wir jedoch versuchen, diese Ideen der Quantentheorie auf die Gravitation anzuwenden, stellen wir fest, daß sie nicht richtig hineinpassen und daß beträchtliche Veränderungen in der einen oder anderen Theorie oder in beiden notwendig sind. Welche Modifikationen nötig sind, wissen wir noch nicht.

Die Schwierigkeit läßt sich auch noch auf eine etwas andere Weise erklären. Wenn ein Astronom die Sonne beobachtet, bewahrt die Sonne einen hoheitsvollen Gleichmut gegenüber seinem Tun. Wenn aber ein Physiker herauszufinden versucht, was in einem Atom vorgeht, so sind die Apparaturen, die er benutzt, viel größer als der zu beobachtende Gegenstand anstatt kleiner und haben deshalb wahrscheinlich einen gewissen Einfluß auf ihn. Man hat festgestellt, daß die Apparaturen, die sich am besten zur Bestimmung der Position eines Atoms eignen, notwendig seine Geschwindigkeit beeinflussen, und daß die Apparaturen, die sich am besten zur Bestimmung der Geschwindigkeit eignen, notwendig seine Position beeinflussen. Das macht keinerlei Schwierigkeit, wenn die Quantentheorie der Atome mit der Speziellen Relativitätstheorie in Einklang gebracht wird, weil man dann die Gravitation vernachlässigt und das Raum-Zeit-Kontinuum als flach betrachtet, ob sich nun Atome darin befinden oder nicht. Wenn wir aber versuchen, die Quantentheorie mit der Allgemeinen Relativitätstheorie in Einklang zu bringen, dann darf die Gravitation nicht vernachlässigt werden, so daß die Krümmung des Raum-Zeit-Kontinuums vom Aufenthaltsort der Atome abhängt. Wie wir jedoch gerade gesehen haben, ist es nach der Quantentheorie völlig klar, daß wir nicht immer wissen können, wo die Atome sich befinden. Das ist die Wurzel der Schwierigkeit.

Zum Schluß kommen wir noch zur Geographie, zu der ich auch die Geschichte rechne. Die Trennung von Geschichte und Geographie beruht auf der Trennung von Zeit und Raum: Wenn wir diese beiden zum Raum-Zeit-Kontinuum verschmelzen, brauchen wir nur *ein* Wort, um die Verbindung von Geographie und Geschichte zu benennen. Der Einfachheit halber verwende ich das Wort Geographie in diesem erweiterten Sinn.

Geographie in diesem Sinn umfaßt alles, was auf der Ebene bloßer Tatsachen einen Teil des Raum-Zeit-Kontinuums von einem anderen unterscheidet. In dem einen Teil befindet sich die Sonne, in einem anderen die Erde; die dazwischenliegenden Gebiete enthalten Lichtwellen, aber keine Materie (abgesehen von sehr kleinen Mengen hier und da). Bis zu einem gewissen Grad gibt es eine theoretische Verknüpfung zwischen verschiedenen geographischen Tatsachen; es ist der Zweck der physikalischen Gesetze, diese Verknüpfung festzustellen.

Wir sind schon in der Lage, die wichtigsten das Sonnensystem betreffenden Tatsachen bis weit in die Vergangenheit und Zukunft hinein zu berechnen. Aber für alle diese Berechnungen brauchen wir als Grundlage reine Tatsachen. Die Tatsachen hängen zusammen, aber man kann Tatsachen nur aus anderen Tatsachen, niemals aus allgemeinen Gesetzen allein erschließen.

Deshalb nehmen die Tatsachen der Geographie eine gewisse unabhängige Stellung in der Physik ein. Keine noch so große Zahl physikalischer Gesetze macht es uns möglich, eine physikalische Tatsache zu erschließen, wenn wir nicht andere Tatsachen als Ausgangspunkte für unsere Schlüsse haben. Und wenn ich hier von ›Tatsachen‹ spreche, dann meine ich konkrete Tatsachen der Geographie in dem erweiterten Sinn, in dem ich das Wort gebrauche.

In der Relativitätstheorie haben wir es mit der *Struktur* zu tun, nicht mit dem Material, aus dem die Struktur aufgebaut ist. In der Geographie ist andererseits gerade das Material wichtig. Wenn es überhaupt einen Unterschied zwischen verschiedenen Orten geben soll, müssen entweder Unterschiede zwischen dem Material an einem Ort und dem Material an einem anderen bestehen, oder es muß Orte geben, wo sich Material befindet, und andere, wo keines ist. Die erste dieser beiden Möglichkeiten scheint eher zu befriedigen. Wir könnten zwar versuchsweise folgendes annehmen: Es gibt Elektronen und Protonen und die anderen subatomaren Teilchen, und der Rest ist leer. Aber in den leeren Gebieten gibt es Lichtwellen, so daß wir nicht behaupten können, dort sei nichts. Nach der Quantentheorie können wir nicht einmal genau sagen, wo sich die Dinge befinden, sondern nur, daß es an einem Ort wahrscheinlicher ist, ein Elektron zu finden, als an einem anderen. Einige Leute behaupten, daß Lichtwellen – und ebenso Teilchen – bloß Störungen im Äther sind; andere begnügen sich damit, zu sagen, daß sie bloß Störungen sind; aber auf jeden Fall geschehen Ereignisse überall, wo es wahrscheinlich ist, daß Lichtwellen oder Teilchen vorhanden sind. Das ist alles, was wir über die Orte aussagen können, an denen sich wahrscheinlich Energie in der einen oder anderen Form befindet, denn es hat sich herausgestellt, daß Energie eine bloße mathematische Konstruktion aus Ereignissen ist. Wir können deshalb sagen, daß überall im Raum-Zeit-Kontinuum Ereignisse stattfinden, aber sie müssen von etwas unterschiedlicher Art sein, je nachdem, ob wir es mit einem Gebiet zu tun haben, in dem sich aller Wahrscheinlichkeit nach ein Elektron oder Proton befindet, oder mit einem Gebiet, das wir normalerweise als leer bezeichnen würden. Aber über die innere Natur dieser Ereignisse können wir nichts wissen, es sei denn, sie seien zufällig Ereignisse unseres eigenen Lebens. Unsere eigenen Wahrnehmungen und Gefühle müssen ein Teil des Rohmaterials an Ereignissen sein, die von der Physik zu einem Muster geordnet werden – oder vielmehr, von denen die Physik entdeckt, daß sie zu einem Muster geordnet sind. Was Ereignisse betrifft, die nicht zu unserem eigenen Leben gehören, so gibt uns die Physik deren Muster an, ist aber nicht imstande, zu sagen, was ihr Wesen ist. Es scheint auch nicht möglich zu sein, dieses Wesen mit Hilfe irgendeiner anderen Methode zu enthüllen.

13. Kapitel

Die Abschaffung der »Kraft«

Im Newtonschen System bewegen sich Körper, wenn auf sie keine Kräfte wirken, auf gerader Bahn mit gleichförmiger Geschwindigkeit; wenn Körper sich nicht so bewegen, wird die Änderung ihrer Bewegung einer ›Kraft‹ zugeschrieben. Manche Kräfte scheinen für unsere Vorstellung verständlich: Kräfte, die durch Ziehen an einem Seil oder einer Schnur ausgeübt werden oder die beim Zusammenstoß von Körpern auftreten, oder die von sonst irgendeiner Art von offensichtlichem Stoß oder Zug herrühren. Wie in einem früheren Kapitel erklärt, ist die anschauliche Art, in der wir diese Prozesse zu verstehen meinen, ganz irreführend; sie bedeutet in Wirklichkeit nicht mehr, als daß frühere Erfahrung es uns ermöglicht, vorauszusehen, was geschieht, ohne daß wir dazu mathematische Berechnungen brauchen. Aber die ›Kräfte‹, die bei der Gravitation und den weniger vertrauten Formen elektrischer Wechselwirkung ins Spiel kommen, erscheinen unserer Vorstellung nicht in dieser Weise ›natürlich‹. Es erscheint seltsam, daß die Erde im leeren Raum schweben kann: Die natürliche Annahme wäre, daß sie fallen muß. Deshalb muß sie von einem Elefanten getragen werden und der Elefant von einer Schildkröte – so meinten einige Leute, die sich vor langer Zeit darüber den Kopf zerbrachen. Die Newtonsche Theorie führte zusätzlich zur Fernwirkung zwei andere neue Vorstellungen ein. Die erste besagte, daß die Schwerkraft nicht immer und in der Hauptsache in die Richtung wirkt, die wir ›unten‹ nennen würden, d. h. zum Erdmittelpunkt hin. Die zweite besagte, daß ein Körper, der sich mit gleichförmiger Geschwindigkeit im Kreis herumbewegt, sich nicht in dem Sinn ›gleichförmig bewegt‹, in dem man diesen Ausdruck auf die kräftefreie Bewegung von Körpern anwendet, sondern fortwährend von einer geraden Bahn abgelenkt wird in Richtung auf den Kreismittelpunkt, was eine Kraft erfordert, die ihn in diese Richtung zieht. Daher gelangte Newton zu der Ansicht, daß die Planeten zur Sonne durch eine Kraft hingezogen werden, die man Gravitation nennt.

Diese ganze Betrachtungsweise wird, wie wir gesehen haben, durch die Relativitätstheorie über den Haufen geworfen. Es gibt nicht mehr so etwas wie ›gerade Linien‹ im alten geometrischen Sinn. Es gibt ›geradeste Linien‹ oder Geodäten, diese aber beziehen sich sowohl auf die Zeit wie auf den Raum. Ein Lichtstrahl, der durch das Sonnensystem läuft, beschreibt, von einem geometrischen Standpunkt aus betrachtet, nicht die gleiche Bahn wie ein Komet; trotzdem bewegen sich beide auf einer Geodäte. Die ganze bildliche Vorstellung ändert sich. Ein Dichter könnte sagen, daß das Wasser bergab fließt, weil es vom Meer angezogen wird, aber ein Physiker oder ein gewöhnlicher Sterblicher würde sagen, daß es sich an jedem Punkt so bewegt, wie es sich bewegt, weil der Erdboden an diesem Punkt eine bestimmte Beschaffenheit hat, und daß es sich nicht um das kümmert, was vor ihm liegt. Ebenso wie das Meer nicht die Ursache ist, daß das Wasser zu ihm hinfließt, ist die Sonne nicht die Ursache dafür, daß die Planeten sie umkreisen. Die Planeten bewegen sich rund um die Sonne, weil das für sie die leichteste Möglichkeit ist – im technischen Sinn von ›kleinster Wirkung‹. Es ist die leichteste aller Möglichkeiten wegen der Natur des Gebiets, in dem sie sich befinden, nicht wegen eines Einflusses, der von der Sonne ausgeht.

Die Annahme, daß es nötig sei, die Gravitation einer ›Kraft‹ zuzuschreiben, die die Planeten zur Sonne hinzieht, entstand, weil man entschlossen war, die euklidische Geometrie um jeden Preis beizubehalten. Wenn wir annehmen, daß unser Raum euklidisch ist, während er es in Wirklichkeit nicht ist, so müssen wir die Physik zu Hilfe rufen, um die Fehler unserer Geometrie auszugleichen. Wir finden, daß Körper sich nicht auf solchen Bahnen bewegen, die wir hartnäckig als Gerade betrachten, und wir verlangen eine Ursache für dieses Verhalten. Eddington hat das mit bewundernswerter Klarheit formuliert. Er stellt sich einen Physiker vor, der die Abstandsformel, die in der Speziellen Relativitätstheorie benützt wird, akzeptiert hat – eine Formel, die immer noch unterstellt, daß der Raum des Beobachters euklidisch ist. Er fährt fort:

»Da Intervalle (Abstände) durch experimentelle Methoden verglichen werden können, dürfte unser Beobachter bald entdecken, daß sein ds_0 (Abstandsformel) mit experimentellen Ergebnissen nicht im Einklang steht; auf diese Weise müßte er also seinen Irrtum erkennen. Aber der menschliche Geist befreit sich nicht so leicht von Vorurteilen. Es ist viel wahrscheinlicher, daß unser Beobachter an seiner Ansicht festhält und die Unstimmigkeiten in seinen Beobachtungen auf irgendeinen Umstand zurückführt, der wirklich vorhanden ist und der das Verhalten seiner Bezugskörper beeinflußt. Er führt sozusagen ein übernatürliches Agens ein, dem er die Folgen seines Irrtums zur Last legen kann. . . . Die Ursache einer solchen Abweichung von geradlinig-gleichförmiger Bewegung pflegt man gemäß der bekannten Newtonschen Definition als *Kraft* zu bezeichnen. Das infolge des Irrtums unseres Beobachters zu Hilfe gerufene Agens wird also als ›Kraftfeld‹ beschrieben . . . *Ein Kraftfeld stellt demnach die Diskrepanz zwischen der natürlichen Geometrie eines Koordinatensystems und der ihm willkürlich zugeschriebenen abstrakten Geometrie dar.*«*

Wenn die Menschen die Welt auf die neue Art zu begreifen lernten, ohne den alten Begriff der ›Kraft‹, so würde das nicht nur ihre physikalischen Vorstellungen verändern, sondern wahrscheinlich auch ihre Moral und Politik. Diese Konsequenz wäre ganz unlogisch, aber deshalb nicht weniger wahrscheinlich.

* *Relativitätstheorie in mathematischer Behandlung*, S. 51f. Hervorhebungen im Original.

In Newtons Theorie des Sonnensystems gleicht die Sonne einem Monarchen, dessen Befehlen die Planeten zu gehorchen haben. In Einsteins Welt gibt es mehr Indivdualismus und weniger Herrschaft als in der Newtonschen. Es gibt in ihr auch weniger Betriebsamkeit: Wir haben gesehen, daß Faulheit das Grundgesetz von Einsteins Universum ist. Das Wort ›dynamisch‹ hat in der Zeitungssprache die Bedeutung ›energisch und kraftvoll‹ angenommen; aber wenn es bedeuten würde ›den Prinzipien der Dynamik entsprechend‹, so sollte es auf die Menschen in Ländern mit heißem Klima angewendet werden, die unter dem Bananenbaum sitzen und warten, daß die Frucht ihnen in den Mund fällt. Ich hoffe, daß die Journalisten in Zukunft, wenn sie von einer ›dymanischen Persönlichkeit‹ sprechen, einen Menschen meinen, der das tut, was im Augenblick die geringste Mühe macht, ohne an ferne Konsequenzen zu denken. Wenn ich dazu beitragen kann, werde ich nicht vergeblich geschrieben haben.

Es ist schon immer eine Gewohnheit der Leute gewesen, aus den Naturgesetzen Regeln für ihr Handeln abzuleiten. Solche Schlüsse scheinen mir fehlerhaft: Die Nachahmung der Natur ist möglicherweise ein bloß sklavisches Verhalten. Aber wenn die Natur, wie Einstein sie porträtiert, unser Vorbild sein soll, so scheint es, als hätten die Anarchisten mit ihren Ansichten recht. In der physikalischen Welt herrscht Ordnung, nicht weil es eine zentrale Regierung gibt, sondern weil jeder Körper sich um seine eigenen Angelegenheiten kümmert. Keine zwei Materieteilchen kommen je miteinander in Kontakt. Wenn sie sich zu nahe kommen, weichen beide aus. Wenn jemand vor Gericht gestellt würde, weil er einen andern mit der Faust niedergeschlagen hat, so könnte er wissenschaftlich korrekt argumentieren, er habe ihn nie berührt. Was wirklich geschehen ist, ist dies: Es war ein Hügel im Raum-Zeit-Kontinuum in der Gegend der Nase des andern, und diesen Hügel ist sie hinuntergefallen.

Die Abschaffung der ›Kraft‹ scheint damit zusammenzuhängen, daß der Gesichtssinn an die Stelle des Tastsinns als Quelle der physikalischen Vorstellungen getreten ist, wie wir es im 1. Kapitel erklärt haben. Wenn sich ein Spiegelbild bewegt, so denken wir nicht, daß es gestoßen worden ist. Wenn irgendwo zwei große Spiegel einander gegenüberstehen, so kann man unzählige Spiegelungen ein und desselben Objekts sehen. Angenommen, ein Herr mit Zylinder steht zwischen den Spiegeln, dann können zwanzig oder dreißig gespiegelte Zylinder vorhanden sein. Nehmen wir nun an, es kommt jemand und schlägt dem Herrn mit einem Stock den Hut vom Kopf: Alle andern zwanzig oder dreißig Zylinderhüte werden im gleichen Augenblick herunterpurzeln. Wir glauben, daß eine Kraft nötig ist, um den ›wirklichen‹ Zylinder herunterzustoßen, aber wir denken, daß die restlichen zwanzig oder dreißig Hüte sozusagen von selber herunterpurzeln oder aus reinem Nachahmungstrieb. Wir wollen versuchen, diese Sache ein bißchen ernsthafter zu durchdenken.

Offensichtlich geschieht irgend etwas, wenn sich ein Spiegelbild bewegt. Für das Auge scheint das Ereignis geradeso real zu sein, wie wenn es nicht in einem Spiegel stattfände. Aber für den Tastsinn oder das Gehör ist gar nichts geschehen. Wenn der ›wirkliche‹ Zylinder herunterfällt, verursacht er ein Geräusch; die zwanzig oder dreißig Spiegelbilder fallen geräuschlos. Wenn der Zylinder auf Ihre Zehen fällt, so spüren Sie es; aber wir glauben, daß die zwanzig oder dreißig Leute im Spiegel nichts spüren, obwohl auch auf ihre Zehen Zylinderhüte fallen. Aber all das trifft ebenso auf die Welt der Astronomie zu. Sie macht kein Geräusch, weil der Schall sich nicht im Vakuum fortpflanzen kann. Soweit wir wissen, ruft sie keine ›Gefühle‹ hervor, weil niemand dort ist, um etwas zu ›fühlen‹. Die Welt der Astronomie scheint deshalb kaum ›wirklicher‹ oder ›handgreiflicher‹ als die Welt im Spiegel und braucht ebensowenig ›Kräfte‹, die sie in Bewegung halten.

Der Leser wird vielleicht das Gefühl haben, daß ich mich müßigen Spitzfindigkeiten hingebe. »Schließlich«, könnte er sagen, »ist das Spiegelbild die Reflexion eines handfesten Gegenstandes, und der Zylinder im Spiegel fällt nur wegen der Kraft herunter, die auf den wirklichen Zylinder ausgeübt wird. Der Zylinder im Spiegel kann nicht tun, was er will; er muß das Verhalten des wirklichen kopieren. Das zeigt, wie sehr das Spiegelbild verschieden ist von der Sonne und den Planeten; denn diese sind nicht gezwungen, fortwährend ein Vorbild nachzuahmen. So sollten Sie besser aufhören, so zu tun, als sei ein Spiegelbild geradeso real wie einer der Himmelskörper.«

Darin steckt natürlich ein Stück Wahrheit; es kommt darauf an, genau herauszufinden, *welche* Wahrheit. Erstens sind Spiegelbilder nicht ›imaginär‹. Wenn wir ein Spiegelbild sehen, so treffen bestimmte völlig reale Lichtstrahlen unser Auge; und wenn wir ein Tuch über den Spiegel hängen, hören diese Lichtstrahlen auf zu existieren. Es gibt jedoch einen rein optischen Unterschied zwischen einem ›Spiegelbild‹ und einem ›wirklichen‹ Gegenstand. Der optische Unterschied hängt mit dieser Frage der Nachahmung zusammen. Wenn man ein Tuch über den Spiegel hängt, macht das für das ›wirkliche‹ Objekt keinen Unterschied; aber wenn man das ›wirkliche‹ Objekt entfernt, verschwindet auch das Spiegelbild. Das führt uns zu der Aussage, daß die Lichtstrahlen, die das Spiegelbild erzeugen, einfach an der Oberfläche des Spiegels reflektiert werden und nicht wirklich von einem Punkt dahinter kommen, sondern von dem ›wirklichen‹ Objekt. Wir haben hier ein Beispiel für ein allgemeines Prinzip von großer Bedeutung. Die meisten Ereignisse in der Welt sind nicht isolierte Vorkommnisse, sondern Mitglieder von Gruppen mehr oder weniger ähnlicher Ereignisse, die von der Art sind, daß jede Gruppe in angebbarer Weise mit einem bestimmten kleinen Raum-Zeit-Gebiet zusammenhängt. Das ist der Fall bei den Lichtstrahlen, durch die wir sowohl das Objekt wie seine Reflexion im Spiegel sehen: Sie gehen alle von dem Objekt als Zentrum aus. Wenn man das Objekt in einer gewissen Entfernung mit einer undurchsichtigen Kugel umgibt, so sind beide, das Objekt und sein Spiegelbild, an jedem Punkt außerhalb der Kugel unsichtbar. Wir haben gesehen, daß die

Gravitation, obwohl sie nicht mehr als Fernwirkung betrachtet wird, immer noch mit einem Zentrum in Zusammenhang steht: Es ist sozusagen ein Hügel symmetrisch um seinen Gipfel herum angeordnet, und der Gipfel ist der Ort, an dem wir uns den Körper vorstellen, der mit dem betrachteten Gravitationsfeld in Zusammenhang steht. Der Einfachheit halber faßt der gesunde Menschenverstand all die Ereignisse zusammen, die eine Gruppe im obigen Sinn bilden. Wenn zwei Leute dasselbe Objekt sehen, so finden zwei verschiedene Ereignisse statt, aber es sind Ereignisse, die zur selben Gruppe gehören und mit demselben Zentrum verknüpft sind. Genau dasselbe gilt, wenn zwei Personen (wie wir sagen) dasselbe Geräusch hören. Und so ist die Reflexion in einem Spiegel sogar vom Standpunkt der Optik aus weniger ›wirklich‹ als das reflektierte Objekt, weil Lichtstrahlen nicht in *allen* Richtungen von dem Ort ausgehen, an dem das Spiegelbild zu sein scheint, sondern nur nach der Vorderseite des Spiegels und nur so lange, wie das reflektierte Objekt an seinem Platz bleibt. Das illustriert, wie nützlich es ist, zusammenhängende Ereignisse in der von uns betrachteten Weise um ein Zentrum zu gruppieren.

Wenn wir die Veränderungen in einer solchen Gruppe von Objekten untersuchen, so finden wir, daß sie von zweierlei Art sind: Es gibt solche, die nur ein Mitglied der Gruppe betreffen, und solche, die zusammenhängende Änderungen bei allen Mitgliedern der Gruppe hervorrufen. Wenn man eine Kerze vor einen Spiegel stellt und dann den Spiegel mit einem schwarzen Tuch verhängt, so ändert man nur das Spiegelbild der Kerze, wie man es von verschiedenen Orten aus sieht. Wenn man seine Augen schließt, ändert man nur für sich selbst das Erscheinungsbild der Kerze, aber nicht ihr Erscheinungsbild an anderen Orten. Wenn man sie mit einer roten Kugel in einer Entfernung von 1 m umgibt, so ändert man ihre Erscheinung in jeder Entfernung, die größer als 1 m ist, aber nicht in geringeren Entfernungen als 1 m. In all diesen Fällen betrachtet man nicht die Kerze selbst als verändert; tatsächlich findet man in allen Fällen, daß Gruppen von Änderungen auftreten, die mit einem oder mehreren anderen Zentren verknüpft sind. Wenn Sie zum Beispiel Ihre Augen schließen, so sehen Ihre Augen und nicht die Kerze für jeden anderen Beobachter verändert aus: Das Zentrum der auftretenden Veränderungen liegt in Ihren Augen. Aber wenn man die Kerze ausbläst, wird ihr Erscheinungsbild *überall* geändert; in diesem Fall sagt man, die Veränderung sei mit der Kerze geschehen. Die Veränderungen eines Gegenstandes sind die Veränderungen, welche die ganze Gruppe von Ereignissen betreffen, deren Zentrum der Gegenstand ist. All das ist nur eine Interpretation dessen, was der gesunde Menschenverstand sagt, und ein Versuch, zu erklären, was wir mit der Aussage meinen, das Spiegelbild der Kerze sei weniger ›wirklich‹ als die Kerze. Es gibt keine zusammenhängende Gruppe von Ereignissen rund um den Ort, an dem das Spiegelbild zu sein scheint, und Veränderungen des Spiegelbilds haben ihr Zentrum in der Kerze, nicht in einem Punkt irgendwo im Spiegel. Das gibt der Aussage, daß das Spiegelbild ›nur‹ eine Reflexion ist, eine völlig nachprüfbare Bedeutung. Und gleichzeitig ermöglicht es uns, die Himmelskörper, obwohl wir sie nur sehen und nicht anfassen können, für ›wirklicher‹ zu halten als ein Spiegelbild.

Wir können nun damit anfangen, die Vorstellung des gesunden Menschenverstands, ein Körper habe eine ›Wirkung‹ auf einen andern, zu interpretieren; das müssen wir tun, wenn wir wirklich verstehen wollen, was mit der Abschaffung der ›Kraft‹ gemeint ist. Nehmen wir an, Sie kommen in ein dunkles Zimmer und knipsen das elektrische Licht an: Das Aussehen aller Gegenstände im Zimmer ändert sich. Da alles in dem Zimmer deshalb sichtbar ist, weil es das elektrische Licht reflektiert, ist dieser Fall wirklich analog zu dem des Spiegelbilds; das elektrische Licht ist das Zentrum, von dem alle Änderungen ausgehen. In diesem Fall wird der Begriff ›Wirkung‹ durch das erklärt, was wir schon gesagt haben. Der wichtigere Fall ist der, daß die Wirkung in einer Bewegung besteht. Nehmen wir an, wir lassen einen Tiger mitten in einer Menge von Sonntagsausflüglern los: Sie werden sich alle bewegen, und der Tiger wird das Zentrum ihrer verschiedenen Bewegungen sein. Jemand, der die Leute sehen könnte, aber nicht den Tiger, würde folgern, daß sich irgend etwas Abstoßendes an dem Punkt befindet. Wir sagen in diesem Fall, daß der Tiger eine Wirkung auf die Leute ausübt, und wir könnten die Wirkung des Tigers auf sie als die einer abstoßenden Kraft beschreiben. Wir wissen jedoch, daß sie wegen etwas fliehen, was *ihnen* geschieht, nicht einfach, weil der Tiger ist, wo er ist. Sie fliehen, weil sie ihn sehen und hören können, das heißt, weil gewisse Wellen ihre Augen und Ohren erreichen. Wenn man es bewerkstelligen könnte, daß diese Wellen die Leute erreichten, ohne daß irgendein Tiger da wäre, so würden sie genauso schnell fliehen, weil ihre Umgebung ihnen geradeso ungemütlich vorkäme.

Nun wollen wir ähnliche Überlegungen auf die Schwerkraft der Sonne anwenden. Die ›Kraft‹, die von der Sonne ausgeübt wird, unterscheidet sich von der, die der Tiger ausübt, nur dadurch, daß sie anziehend statt abstoßend ist. Anstatt durch Licht- oder Schallwellen zu wirken, gewinnt die Sonne ihre scheinbare Macht dadurch, daß das Raum-Zeit-Kontinuum rund um die Sonne verändert ist. Wie das Gebrüll des Tigers sind diese Veränderungen in der Nähe ihres Ursprungs stärker; wenn wir uns entfernen, werden sie schwächer und schwächer. Die Aussage, daß die Sonne diese Veränderungen des Raum-Zeit-Kontinuums ›verursacht‹, bedeutet überhaupt keine Erweiterung unserer Erkenntnis. Was wir wissen, ist nur, daß die Änderungen einer gewissen Regel folgen und symmetrisch um die Sonne als Zentrum angeordnet sind. Die Redeweise von Ursache und Wirkung fügt dem nur einige ganz irrelevante Vorstellungen hinzu, die mit dem Willen, mit Muskelspannung und solchen Dingen zusammenhängen. Was wir mehr oder weniger sicher feststellen können, ist nur die Formel, nach der das Raum-Zeit-Kontinuum durch die Anwesenheit gravitierender Materie verändert wird. Richtiger gesagt: Wir können feststellen, in welchen Eigenschaften des Raum-Zeit-Kontinuums das Vorhandensein gravitierender Materie *besteht*. Wenn das Raum-Zeit-Kontinuum in einem gewissen Gebiet nicht genau euklidisch ist, sondern einen nichteuklidischen Charakter hat, der bei der Annäherung an ein bestimmtes Zentrum immer stärker hervortritt, und wenn weiter die Abweichung von der euklidischen Geometrie einem bestimmten Gesetz gehorcht, so beschreiben wir diesen Sachverhalt kurz durch die Aussage, daß sich im Zentrum gravitierende Materie befindet. Aber das ist nur eine zusammenfassende Sprechweise für das, was wir wissen. Was wir wissen, bezieht sich auf die Stellen, wo die gravitierende Materie sich *nicht* befindet, nicht auf den Ort, an dem sie ist. Die Redeweise von Ursache und Wirkung (von der ›Kraft‹ ein Spezialfall ist) ist so nur eine bequeme Abkürzung für bestimmte Zwecke; sie gibt nicht irgend etwas wieder, was man wirklich in der physikalischen Welt finden kann.

Und was ist mit der Materie? Ist Materie auch nicht mehr als eine bequeme Abkürzung? Die Behandlung dieser Frage jedoch, umfangreich, wie sie ist, erfordert ein eigenes Kapitel.

14. Kapitel

Was ist Materie?

Die Frage ›Was ist Materie?‹ ist eine Frage von der Art, wie sie Metaphyisker stellen, und sie wird in dicken Büchern von unglaublicher Unklarheit beantwortet. Aber ich stelle die Frage nicht als Metaphysiker: Ich stelle sie als einer, der herausfinden will, was die Nutzanwendung der modernen Physik und insbesondere der Relativitätstheorie ist. Nach dem, was wir von dieser Theorie gehört haben, ist es klar, daß man sich die Materie nicht mehr ganz so wie früher vorstellen kann. Ich denke, wir können jetzt angeben, wie die neue Vorstellung etwa aussehen muß.

Es gab zwei traditionelle Vorstellungen von Materie, die beide schon immer vertreten wurden, seit es naturwissenschaftliche Spekulation gab. Es gab die Atomisten, die dachten, Materie bestünde aus winzigen Klümpchen, die nicht mehr teilbar sind; man nahm an, daß sie auf alle möglichen Arten miteinander zusammenstoßen und wieder auseinanderprallen. Seit Newton dachte man nicht mehr, daß sie wirklich miteinander in Kontakt kommen, sondern man nahm an, daß sie einander anziehen und abstoßen und sich auf gewissen Bahnen umeinander bewegen. Zweitens gab es die Leute, die dachten, es gebe überall eine Art von Materie und ein echtes Vakuum sei unmöglich. Descartes vertrat diesen Standpunkt und führte die Bewegungen der Planeten auf Ätherwirbel zurück. Die Newtonsche Gravitationstheorie brachte die Ansicht, alles sei von Materie erfüllt, in Mißkredit, um so mehr, als Newton und seine Schüler dachten, auch Licht beruhe auf wirklichen Teilchen, die von der Lichtquelle ausströmen. Aber als diese Ansicht widerlegt wurde und man zeigen konnte, daß das Licht aus Wellen besteht, wurde der Äther wieder zum Leben erweckt, damit etwas da war, was Wellen schlagen konnte. Der Äther wurde noch angesehener, als man feststellte, daß er in den elektromagnetischen Phänomenen die gleiche Rolle spielte wie bei der Ausbreitung des Lichts. Man hoffte sogar, die Atome würden sich als Bewegungszustände des Äthers erweisen. In diesem Stadium schien die atomistische Vorstellung von der Materie alles in allem den kürzeren zu ziehen.

Wenn wir die Relativitätstheorie für den Augenblick außer acht lassen, so hat die moderne Physik den Beweis für die atomistische Struktur der gewöhnlichen Materie geliefert, ohne die für den Äther sprechenden Argumente zu widerlegen – und dem wird keine solche Struktur zugeschrieben. Das Ergebnis war eine Art Kompromiß zwischen den beiden Standpunkten, bei dem man den einen für die sogenannte ›grobe‹ Materie gelten ließ, den andern für den Äther. Es kann keinen Zweifel an der Existenz von Elektronen und Protonen geben, obwohl man, wie wir bald sehen werden, sie sich nicht so vorstellen muß, wie man sich traditionell Atome vorstellte. Die Wahrheit ist, denke ich, daß die Relativitätstheorie die Aufgabe des alten Begriffs von ›Materie‹ verlangt, der von der ganzen Metaphysik, die dem Begriff ›Substanz‹ anhaftet, infiziert ist, und in dem eine Betrachtungsweise zum Ausdruck kommt, die zur Behandlung der Phänomene nicht wirklich notwendig ist. Das müssen wir jetzt untersuchen.

Nach der alten Anschauung war ein Stück Materie etwas, das für alle Zeiten bestehen blieb und sich zu einer gegebenen Zeit nie an mehr als einem Ort befand. Diese Art, die Dinge zu betrachten, hängt offensichtlich mit der vollständigen Trennung von Raum und Zeit zusammen, an die die Leute früher glaubten. Wenn wir Raum und Zeit durch das Raum-Zeit-Kontinuum ersetzen, so erwarten wir natürlich, daß wir die physikalische Welt aus Bestandteilen aufbauen können, die in der

Zeit ebenso wie im Raum beschränkt sind. Solche Bestandteile nennen wir ›Ereignisse‹. Ein Ereignis ist weder beständig, noch bewegt es sich wie das herkömmliche Stück Materie; es existiert nur seinen kurzen Augenblick lang und ist dann vorbei. Ein Stück Materie wird so in eine Folge von Ereignissen aufgelöst. Gerade so, wie nach der alten Auffassung ein ausgedehnter Körper aus einer Anzahl von Teilchen bestand, so muß nun jedes Teilchen, da es zeitlich ausgedehnt ist, als zusammengesetzt betrachtet werden aus Elementen, die wir ›Ereignisteilchen‹ nennen können. Die ganze Folge dieser Ereignisse bildet die ganze Geschichte des Teilchens, und das Teilchen betrachtet man als nichts anderes als seine eigene Geschichte – nicht als irgendeine metaphysische Wesenheit, der die Ereignisse zustoßen. Diese Auffassung wird durch die Tatsache notwendig gemacht, daß uns die Relativitätstheorie zwingt, Raum und Zeit mehr als in der älteren Physik auf eine Stufe zu stellen.

Diese abstrakte Forderung muß in Beziehung zu den bekannten Tatsachen der physikalischen Welt gesetzt werden. Was sind nun aber die bekannten Tatsachen? Wir wollen es als gegeben ansehen, daß das Licht aus Wellen besteht, die sich mit der bekannten Geschwindigkeit ausbreiten. Wir wissen weiterhin eine Menge über das, was in Teilen des Raum-Zeit-Kontinuums vorgeht, in denen sich keine Materie befindet; das heißt, wir wissen, daß es periodische Vorgänge (Lichtwellen) gibt, die gewissen Gesetzen gehorchen. Diese Lichtwellen gehen von Atomen aus, und die moderne Theorie der Atomstruktur ermöglicht es uns, eine Menge über die Umstände zu erfahren, unter denen sie ausgesandt werden, und über die Bedingungen, die ihre Wellenlänge bestimmen. Wir können nicht nur herausfinden, wie sich eine einzelne Lichtwelle ausbreitet, sondern auch, wie sich ihre Quelle relativ zu uns bewegt. Aber wenn ich das sage, so nehme ich an, daß wir eine Lichtquelle zu zwei etwas verschiedenen Zeiten als ein und dieselbe erkennen können. Das jedoch ist gerade die Sache, die zu untersuchen war.

Wir haben im vorigen Kapitel gesehen, wie man eine Gruppe

zusammenhängender Ereignisse bilden kann, die alle durch ein Gesetz miteinander verknüpft und alle um ein Zentrum im Raum-Zeit-Kontinuum angeordnet sind. Um solch eine Gruppe von Ereignissen handelt es sich, wenn Lichtwellen, die alle durch einen kurzen Lichtblitz ausgesandt worden sind, an verschiedenen Orten eintreffen. Wir müssen nicht annehmen, daß irgend etwas Besonderes in dem Zentrum geschieht; sicherlich müssen wir nicht annehmen, daß wir wissen, *was* dort geschieht. Was wir wissen, ist die geometrische Tatsache, daß die Gruppe von Ereignissen, von der wir sprechen, um ein Zentrum herum angeordnet ist, wie die sich ausbreitenden Wasserwellen auf einem Teich, wenn eine Fliege seine Oberfläche berührt hat. Wir können uns hypothetisch einen Vorgang ausdenken, der im Zentrum stattgefunden haben soll, und Gesetze aufstellen, nach denen die als Folge auftretende Störung sich ausbreitet. Dieser hypothetische Vorgang wird dann dem gesunden Menschenverstand als ›Ursache‹ der Störung erscheinen. Er wird auch als ein Ereignis in der Lebensgeschichte des Materieteilchens zählen, von dem wir annehmen, daß es im Zentrum der Störung sitzt.

Nun stellen wir aber nicht nur fest, daß eine einzelne Lichtwelle von einem Zentrum, einem bestimmten Gesetz folgend, nach außen läuft, sondern daß ihr im allgemeinen andere, sehr ähnliche Lichtwellen folgen. Die Sonne zum Beispiel ändert nicht plötzlich ihr Aussehen; auch wenn bei starkem Wind eine Wolke vor ihr vorbeizieht, so vollzieht sich der Übergang kontinuierlich, wenn auch rasch. Auf diese Art setzt man eine Gruppe von Ereignissen, die mit einem Zentrum in einem bestimmten Raum-Zeit-Punkt verknüpft sind, in Beziehung mit anderen sehr ähnlichen Gruppen, deren Zentren benachbarte Raum-Zeit-Punkte bilden. Für jede dieser anderen Gruppen erfindet der gesunde Menschenverstand ähnliche hypothetische Vorkommnisse, die in ihrem Zentrum stattfinden sollen, und sagt, all diese Vorkommnisse seien Teil einer einzigen Geschichte; das heißt, er erfindet ein hypothetisches ›Teilchen‹, mit dem die hypothetischen Vorgänge geschehen sein sollen. Nur durch diesen doppelten Gebrauch von Hypothesen, der in jedem der beiden Fälle völlig unnötig ist, gelangen wir zu etwas, das ›Materie‹ im alten Sinn des Wortes genannt werden kann.

Wenn wir unnötige Hypothesen vermeiden wollen, müssen wir sagen, daß ein Atom zu einem gegebenen Augenblick aus den verschiedenen Störungen im umgebenden Medium *besteht*, die nach der gewöhnlichen Ausdrucksweise von ihm ›verursacht‹ werden. Aber wir sollten dazu nicht die Störungen nehmen, die für uns zu dem in Frage stehenden Augenblick stattfinden, da sie so vom Beobachter abhängig gemacht würden; wir werden vielmehr von dem Atom mit Lichtgeschwindigkeit weglaufen und die Störung nehmen, die wir an jedem Ort bei unserer Ankunft vorfinden. Die äußerst ähnliche Gesamtheit von Störungen mit fast dem gleichen Zentrum, die man etwas früher oder später vorfindet, fassen wir nach unserer Definition als das Atom zu einem etwas früheren oder späteren Zeitpunkt auf. Auf diese Weise erhalten wir alle physikalischen Gesetze aufrecht, ohne unsere Zuflucht zu unnötigen Hypothesen oder erfundenen Wesenheiten zu nehmen, und wir bleiben in Einklang mit dem allgemeinen Prinzip der Denkökonomie, das die Relativitätstheorie in den Stand versetzt hat, mit so viel nutzlosem Gerümpel aufzuräumen.

Der gesunde Menschenverstand stellt sich vor, wenn er einen Tisch sieht, so sehe er einen Tisch. Das ist eine grobe Täuschung. Wenn der Vertreter des gesunden Menschenverstands einen Tisch sieht, so treffen gewisse Lichtstrahlen sein Auge, und diese sind von einer Art, die nach seiner früheren Erfahrung mit bestimmten Tastempfindungen in Beziehung steht wie auch mit dem Zeugnis anderer Leute, sie sähen ebenfalls einen Tisch. Aber nichts von alledem hat uns je zu dem Tisch selbst gebracht. Die Lichtwellen erzeugten Vorgänge in unserem Auge, und diese verursachten Vorgänge im Sehnerv, und diese wiederum verursachten Vorgänge im Gehirn. Jeder dieser Prozesse, wäre er ohne seine üblichen Vorgänger abgelaufen, hätte in uns die Empfindungen hervorgerufen, die wir ›einen Tisch sehen‹ nennen, auch wenn es keinen Tisch gegeben hätte. (Natürlich muß, wenn Materie allgemein als eine Gruppe von Ereignissen interpretiert wird, dies auch für das Auge, den Sehnerv und das Gehirn gelten.) Was die Tastempfindung betrifft, die wir haben, wenn wir unsere Finger auf den Tisch drücken, so ist sie eine elektrische Störung der Anordnung von Elektronen und Protonen in unseren Fingerspitzen, die nach der modernen Physik hervorgerufen wird durch die Nähe der Elektronen und Protonen im Tisch. Wenn dieselben Störungen in unseren Fingerspitzen auf andere Art entstanden wären, so hätten wir die gleichen Empfindungen, obwohl kein Tisch da wäre. Das Zeugnis der anderen Leute ist offensichtlich eine Sache aus zweiter Hand. Einem Zeugen vor Gericht wäre es nicht erlaubt, auf die Frage, ob er irgendeinen Vorgang gesehen habe, zu antworten, er glaube es, weil andere ihn bezeugten. In jedem Fall besteht eine Zeugenaussage aus Schallwellen und verlangt ebenso physikalische Interpretation; ihr Zusammenhang mit dem Gegenstand ist deshalb sehr indirekt. Aus all diesen Gründen benutzen wir eine höchst abgekürzte Ausdrucksweise, wenn wir sagen, daß ein Mann ›einen Tisch sieht‹; darin sind höchst komplizierte und schwierige Schlüsse verborgen, deren Gültigkeit man sehr wohl in Frage stellen kann.

Aber wir sind in Gefahr, uns in psychologische Fragen zu verwickeln, was wir möglichst vermeiden müssen. Wir wollen daher zum rein physikalischen Standpunkt zurückkehren.

Die Ansicht, die ich dem Leser nahelegen möchte, läßt sich folgendermaßen formulieren. Alles was aufgrund des Vorhandenseins eines Atoms anderswo geschieht, kann experimentell erforscht werden – zumindest in der Theorie –, es sei denn, es handelt sich um bestimmte verborgene Vorgänge. Aber zu wissen, was innerhalb des Atoms geschieht (wenn dort überhaupt etwas geschieht), ist absolut unmöglich: Es gibt keine vorstellbare Apparatur, mit der wir auch nur einen Schimmer davon sehen könnten. Ein Atom ist erfahrbar durch seine ›Wirkungen‹. Aber das Wort ›Wirkung‹ gehört zu einer kausalen Denkweise, die nicht in die moderne Physik paßt, insbesondere nicht in die Relativitätstheorie. Alles was wir berechtigterweise sagen können, ist, daß bestimmte Gruppen von Vorgängen zusammen stattfinden, das heißt in benachbarten Raum-Zeit-Gebieten. Für einen gegebenen Beobachter wird ein Konstituent der Gruppe früher stattfinden als ein anderer, aber ein anderer Beobachter kann die Zeitordnung anders beurteilen. Und auch wenn die Zeitordnung für alle Beobachter dieselbe ist, so ist alles, was wir in der Hand haben, ein Zusammenhang zwischen beiden Ereignissen, der rückwärts genauso funktioniert wie vorwärts. Es ist nicht wahr, daß die Vergangenheit die Zukunft in irgendeinem anderen als in dem Sinn determiniert, in dem die Zukunft die Vergangenheit determiniert: Der scheinbare Unterschied kommt nur durch unsere Unkenntnis zustande; denn wir wissen weniger über die Zukunft als über die Vergangenheit. Das ist bloßer Zufall: Es könnte Wesen geben, die sich an die Zukunft erinnern und daraus die Vergangenheit erschließen müßten. Solche Wesen würden diese Dinge genau umgekehrt empfinden wie wir, aber deswegen nicht verkehrter.

Es scheint hinreichend klar, daß man alle Tatsachen und Gesetze der Physik ohne die Annahme interpretieren kann, daß ›Materie‹ aus mehr besteht als aus Gruppen von Ereignissen, die alle von der Art sind, daß wir sie natürlicherweise als von der betrachteten Materie ›verursacht‹ ansehen würden. Das bringt keinerlei Änderung in den Symbolen oder Formeln der Physik mit sich: Es ist nur eine Frage der Interpretation der Symbole.

Dieser Spielraum in der Interpretation ist eine charakteristische Eigenschaft der mathematischen Physik. Was wir wissen, sind bestimmte sehr abstrakte logische Beziehungen, die wir durch mathematische Formeln ausdrücken; wir wissen auch, daß wir an bestimmten Stellen zu Ergebnissen gelangen, die experimentell getestet werden können. Nehmen wir zum Beispiel die Beobachtungen bei Sonnenfinsternissen, durch die Einsteins Theorie, soweit sie die Lichtablenkung betrifft, bestätigt wurde. Die wirkliche Beobachtung bestand in sorgfältigen Messungen gewisser Abstände auf photographischen Platten. Die Formeln, die verifiziert werden sollten, betrafen den Weg des Lichts beim Vorbeigang an der Sonne. Obwohl der Teil dieser Formeln, der das beobachtete Resultat liefert, immer auf die gleiche Weise interpretiert werden muß, kann doch der Rest einer großen Vielfalt von Interpretationen zugänglich sein. Die Formeln, die die Planetenbewegungen liefern, sind in Einsteins Theorie fast die gleichen wie in der Newtonschen, aber der Sinn der Formeln ist ganz verschieden. Man kann allgemein sagen: Bei der mathematischen Behandlung des Naturgeschehens können wir bei weitem sicherer sein, daß unsere Formeln annähernd richtig sind, als wir es in der Frage der Richtigkeit dieser oder jener Interpretation der Formeln sein können. Und so ist es in dem Fall, um den es in diesem Kapitel geht; die Frage nach der Natur eines Elektrons oder Protons ist in keiner Weise beantwortet, wenn wir alles wissen, was die mathematische Physik über die Gesetze seiner Bewegung und die Gesetze seiner Wechselwirkung mit der Umgebung zu sagen hat. Eine endgültige und schlüssige Antwort auf unsere Frage ist nicht möglich, eben weil eine Vielzahl von Antworten verträglich ist mit der Richtigkeit der mathematischen Physik. Trotzdem sind manche Antworten anderen vorzuziehen, weil manche eine größere Wahrscheinlichkeit für sich haben. Wir haben uns in diesem Kapitel bemüht, Materie so zu definieren, daß es so etwas geben *muß*, wenn die Formeln der Physik richtig sind. Hätten wir dagegen eine Definition gewählt, die sichergestellt hätte, daß ein materielles Teilchen von der Art ist, wie man sich Substanz vorstellt, also ein wohlbestimmter harter Klumpen, so wären wir nicht *sicher* gewesen, daß so etwas existiert. Das ist der Grund, warum unsere Definition, obwohl sie kompliziert scheinen mag, unter dem Gesichtspunkt logischer Ökonomie und wissenschaftlicher Vorsicht vorzuziehen ist.

15. Kapitel

Philosophische Konsequenzen

Die philosophischen Konsequenzen der Relativitätstheorie sind weder so groß noch so überraschend, wie man manchmal denkt. Sie wirft sehr wenig Licht auf altehrwürdige Streitfragen wie zum Beispiel die Auseinandersetzung zwischen Realismus und Idealismus. Manche Leute meinen, sie unterstütze Kants Ansicht, daß Raum und Zeit ›subjektiv‹ und ›Formen unserer Anschauung‹ seien. Ich glaube, solche Leute wurden irregeführt durch die Art, in der manche Autoren, die über die Relativitätstheorie schreiben, vom ›Beobachter‹ sprechen. Es ist natürlich, daß man annimmt, der Beobachter sei ein menschliches Wesen oder zumindest ein menschlicher Geist; aber er kann ebensogut eine photographische Platte oder eine Uhr sein. Das heißt, daß die seltsamen Resultate, die den Unterschied zwischen einem ›Standpunkt‹ und einem andern betreffen, es mit ›Standpunkt‹ in einem Sinn zu tun haben, der ebenso auf physikalische Instrumente wie auf Menschen mit Wahrnehmungsvermögen anwendbar ist. Die ›Subjektivität‹, um die es in der Relativitätstheorie geht, ist eine *physikalische* Subjektivität, die ebenso vorhanden wäre, wenn es in der Welt nicht so etwas wie Geist und Sinnenwahrnehmung gäbe.

Darüber hinaus ist es eine genau umgrenzte Subjektivität. Die Theorie sagt nicht, *alles* sei relativ; im Gegenteil, sie liefert eine Methode zur Unterscheidung dessen, was relativ ist, von dem, was zu einem physikalischen Vorgang selbst gehört. Wenn wir sagen, die Theorie unterstütze Kants Ansicht über Raum und Zeit, so müssen wir hinzufügen, daß sie ihn, was das Raum-Zeit-Kontinuum betrifft, widerlegt. Nach meiner Ansicht ist keine der beiden Aussagen richtig. Ich sehe keinen Grund, warum in solchen Dingen die Philosophen nicht alle an den Ansichten festhalten sollten, die sie früher vertraten. Es gab vorher auf keiner Seite schlüssige Argumente, und es gibt auch jetzt keine; wenn man eine der beiden Ansichten vertritt, so zeigt das eher eine dogmatische als eine wissenschaftliche Geisteshaltung.

Trotzdem ist es wahrscheinlich, daß sich gewisse Änderungen in unseren Denkgewohnheiten ergeben, die auf lange Sicht eine große Bedeutung erlangen werden, wenn man erst mit den in Einsteins Werk enthaltenen Ideen vertraut ist – und das wird sicher der Fall sein, wenn sie in den Schulen gelehrt werden.

Eines stellt sich dabei heraus: daß uns nämlich die Physik viel weniger über die physikalische Welt sagt, als wir dachten. Von fast allen den ›großen Prinzipien‹ der traditionellen Physik erweist es sich, daß sie von der gleichen Art sind wie das ›große Gesetz‹, daß immer 100 cm einen Meter ergeben; andere erweisen sich schlicht als falsch. Die Erhaltung der Masse kann dazu dienen, diese beiden Mißgeschicke zu illustrieren, die einem Gesetz zustoßen können. Masse wurde gewöhnlich als ›Quantität der Materie‹ definiert, und soweit man es den Experimenten entnehmen konnte, wurde sie niemals mehr oder weniger. Aber als die Genauigkeit in der modernen Physik zunahm, stellte man fest, daß seltsame Dinge geschahen. Zuerst fand man, daß die gemessene Masse mit der Geschwindigkeit wuchs; diese Art von Masse erwies sich als genau dasselbe wie Energie. Für einen gegebenen Körper ist diese Art von Masse nicht konstant. Das Gesetz selbst jedoch muß als Tautologie von der Art betrachtet werden wie das ›Gesetz‹, daß 100 cm ein Meter sind; es folgt aus unseren Meßmethoden und drückt keine echte Eigenschaft der Materie aus. Die andere Art von Masse, die wir ›Ruhmasse‹ nennen können, ist die, welche ein mit dem Körper bewegter Beobachter feststellt. Das ist der

Normalfall auf der Erde, wo der Körper, den wir wiegen, nicht durch die Luft fliegt. Die ›Ruhmasse‹ eines Körpers ist in sehr guter Näherung konstant, aber nicht ganz genau. Wenn man vier Kilogewichte hat und sie alle zusammen in die Waagschale legt, so würde man annehmen, sie wiegen zusammen 4 kg. Das ist ein naiver Irrglaube: Sie wiegen etwas weniger, wenn auch nur um einen so kleinen Betrag, daß man es selbst mit den genauesten Messungen nicht feststellen kann. Im Fall von vier Wasserstoffatomen jedoch, die man zu einem Heliumatom zusammenfügt, ist der Massenverlust merklich; das Heliumatom wiegt meßbar weniger als vier getrennte Wasserstoffatome.

Grob gesprochen ist die traditionelle Physik auf zwei Teile zusammengeschrumpft: Tautologien und Geographie.

Die Welt, wie sie uns die Relativitätstheorie vor Augen stellt, ist nicht so sehr eine Welt von ›Gegenständen‹ in ›Bewegung‹ als vielmehr eine Welt von *Ereignissen.* Es stimmt zwar, daß es immer noch scheinbar beständige Teilchen gibt, aber man muß sie sich (wie wir im vorigen Kapitel gesehen haben) in Wirklichkeit als Ketten von miteinander verknüpften Ereignissen vorstellen, wie etwa die aufeinanderfolgenden Töne einer Melodie. *Ereignisse* bilden das Material der relativistischen Physik. Zwischen zwei Ereignissen, die nicht zu weit voneinander entfernt sind, gibt es in der Allgemeinen wie in der Speziellen Relativitätstheorie eine meßbare Beziehung, die ›Abstand‹ heißt und jene physikalische Realität zu sein scheint, die durch zeitliche und räumliche Entfernung nur mehr oder weniger verwirrt wiedergegeben wird. Zwischen zwei entfernten Ereignissen gibt es keinen eindeutig bestimmten Abstand. Aber es gibt eine Art, sich von dem einen zum andern zu bewegen, bei der die Summe aller kleinen Teilabstände entlang der Bahn größer ist als auf jeder anderen Bahn. Diese Bahn nennt man eine ›Geodäte‹, und es ist die Bahn, die ein sich selbst überlassener Körper wählt.

Die ganze relativistische Physik geht viel mehr Schritt für Schritt vor als die Physik und die Geometrie früherer Zeiten.

Euklids Geraden müssen durch Lichtstrahlen ersetzt werden, die nicht ganz Euklids Anforderungen an Geradheit genügen, wenn sie nahe an der Sonne oder irgendeinem anderen schweren Körper vorbeigehen. Von der Winkelsumme eines Dreiecks nimmt man immer noch an, daß sie in sehr kleinen Gebieten leeren Raumes 180 Grad beträgt, aber nicht in irgendeinem ausgedehnten Gebiet. Nirgends können wir eine Gegend finden, in der die Euklidische Geometrie genau zutrifft. Sätze, die früher durch logische Schlußfolgerungen bewiesen wurden, sind nun entweder zu Konventionen geworden oder zu nurmehr näherungsweise gültigen Wahrheiten, die nur durch Beobachtung bestätigt werden.

Es ist eine merkwürdige Tatsache – für die die Relativitätstheorie nicht das einzige Beispiel ist –, daß mit der Zunahme unserer Fähigkeit zu logischem Denken dieses immer weniger beansprucht, es könne Tatsachen beweisen. Man dachte früher, die Logik lehre uns, wie man Schlüsse zieht; jetzt lehrt sie uns eher, wie man Schlüsse nicht zieht. Tiere und Kinder haben eine schrecklich große Neigung, Schlüsse zu ziehen: Ein Pferd ist ungeheuer überrascht, wenn man einen ungewohnten Weg einschlägt. Als die Menschen zu denken anfingen, versuchten sie, die Schlüsse zu rechtfertigen, die sie früher, ohne zu denken, gezogen hatten. Viel schlechte Philosophie und schlechte Wissenschaft entsprang dieser Neigung. ›Große Prinzipien‹, wie zum Beispiel die ›Gleichförmigkeit der Natur‹, das ›Gesetz der universellen Kausalität‹ und so fort, sind Versuche, unseren Glauben zu stützen, daß das, was bisher oft geschah, wieder geschehen wird; das ist nicht besser begründet als der Glaube des Pferds, man werde den gewohnten Weg einschlagen. Es ist nicht ganz einfach, zu sehen, was diese Pseudoprinzipien in der wissenschaftlichen Praxis ersetzen soll; aber vielleicht gibt uns die Relativitätstheorie eine ungefähre Vorstellung davon, was wir zu erwarten haben. Kausalität im alten Sinn hat keinen Platz mehr in der theoretischen Physik. Es gibt natürlich etwas anderes, was an ihre Stelle tritt, das aber scheint eine bessere empirische Begründung zu haben als das alte Prinzip, das von ihm verdrängt worden ist.

Der Zusammenbruch des Begriffs der einen, allumfassenden Zeit, nach der alle Ereignisse im ganzen Universum datiert werden können, muß auf lange Sicht unsere Ansichten über Ursache und Wirkung, Entwicklung und viele andere Dinge beeinflussen. Zum Beispiel kann die Antwort auf die Frage, ob es im ganzen im Universum einen Fortschritt gibt, von unserer Wahl des Zeitmaßes abhängen. Wenn wir eine Uhr aus einer Anzahl gleich guter Uhren auswählen, stellen wir vielleicht fest, daß das Universum so rasche Fortschritte macht, wie es sich der optimistischste Amerikaner vorstellt; wenn wir eine andere, ebenso gute Uhr wählen, finden wir vielleicht, daß sich das Universum so schnell vom Schlechten zum Schlimmeren entwickelt, wie es sich der melancholischste Slawe nur vorstellen könnte. So sind Optimismus und Pessimismus weder wahr noch falsch, sondern von der Wahl der Uhren abhängig.

Dies muß auf eine bestimmte Art von Gefühl verheerend wirken. Der Dichter sagt:

> Ein fernes göttliches Ereignis,
> Auf das sich die ganze Schöpfung zubewegt.

Aber wenn das Ereignis genügend weit entfernt ist und die Schöpfung sich schnell genug bewegt, so werden einige Teile von ihr urteilen, das Ereignis sei schon geschehen, während andere urteilen werden, es liege noch in der Zukunft. Das verdirbt die Poesie. Die zweite Zeile sollte lauten:

> Auf das sich manche Teile der Schöpfung zubewegen, während sich andere von ihm entfernen.

Aber so geht's nicht. Ich bin der Meinung, daß ein Gefühl, das durch ein bißchen Mathematik zerstört werden kann, weder sehr echt noch sehr wertvoll ist. Aber diese Art der Betrachtung würde uns zu einer Kritik des Viktorianischen Zeitalters führen, was außerhalb meines Themas liegt.

Ich wiederhole: Was wir über die physikalische Welt wissen, ist viel abstrakter, als man früher annahm. Zwischen Körpern spielen sich Vorgänge ab wie zum Beispiel die Ausbreitung von Lichtwellen; über die *Gesetze*, nach denen diese Vorgänge ablaufen, wissen wir etwas – gerade so viel, wie in mathematischen Formeln ausgedrückt werden kann –, aber über ihre *Natur* wissen wir nichts. Über die Körper selbst wissen wir, wie wir im vorigen Kapitel sahen, so wenig, daß wir nicht einmal sicher sein können, daß sie überhaupt irgend etwas sind: Sie *könnten* möglicherweise nichts als Gruppen von Ereignissen an anderen Orten sein, nämlich von jenen Ereignissen, die wir normalerweise als die Wirkungen der Körper ansehen würden. Wir interpretieren die Welt von Natur aus bildlich; das heißt, wir stellen uns vor, daß die Vorgänge mehr oder weniger dem gleichen, was wir sehen. Aber in Wirklichkeit kann sich diese Gleichheit nur auf bestimmte formale logische Eigenschaften erstrecken, die die Struktur ausdrücken, so daß alles, was wir wissen können, gewisse allgemeine Merkmale ihrer Veränderungen sind. Vielleicht kann ein Beispiel die Sache verdeutlichen. Zwischen einem Musikstück, das von einem Orchester gespielt wird, und demselben Musikstück, wie es in der Partitur gedruckt steht, gibt es eine gewisse Übereinstimmung, die als Übereinstimmung der Struktur beschrieben werden kann. Die Übereinstimmung ist von einer solchen Art, daß man die Musik aus der Partitur oder die Partitur aus der Musik erschließen kann, wenn man die Regeln kennt. Aber nehmen wir einmal an, jemand wäre stocktaub von Geburt an, hätte aber unter musikalischen Leuten gelebt. Er könnte dann, wenn er zu sprechen und von den Lippen abzulesen gelernt hätte, verstehen, daß die Musik-Partituren etwas repräsentieren, das seiner inneren Qualität nach von ihnen selbst ganz verschieden ist, wenn auch strukturell* ähnlich. Er hätte keine Vorstellung vom

* Zur Definition von ›Struktur‹ vgl. des Verfassers *Introduction to Mathematical Philosophy*, London 1919; dt. *Einleitung in die mathematische Philosophie*, München 1923; übers. von Gumbel und Gordon.

Wert der Musik, aber er könnte all ihre mathematischen Eigenschaften erschließen, da sie dieselben sind wie die der Partitur. Unsere Kenntnis der Natur ist von ähnlicher Art. Wir können die Partituren lesen und daraus gerade soviel erschließen, wie unser stocktauber Mensch über die Musik hätte erfahren können. Aber wir haben nicht die Vorteile, die er aus seinem Kontakt mit musikalischen Leuten zog. Wir können nicht wissen, ob die Musik, die in den Partituren aufgezeichnet ist, schön oder scheußlich klingt; vielleicht können wir, wenn wir der Sache auf den Grund gehen, nicht einmal ganz sicher sein, daß die Partituren überhaupt etwas anderes darstellen als sich selbst. Aber das ist ein Zweifel, den sich der Physiker von Berufs wegen nicht erlauben kann.

Selbst wenn wir vom Äußersten ausgehen, was die Physik für sich in Anspruch nehmen kann, so sagt sie uns nicht, was es ist, was da Veränderungen erleidet, oder was seine verschiedenen Zustände sind; sie sagt uns nur Dinge von der Art: Änderungen folgen periodisch aufeinander oder breiten sich mit einer bestimmten Geschwindigkeit aus. Selbst heute sind wir wahrscheinlich noch nicht am Ende des Prozesses, der darin besteht, alles was bloße Vorstellung ist, abzustreifen, um zum Kern wirklicher wissenschaftlicher Erkenntnis vorzudringen. Die Relativitätstheorie hat auf diesem Gebiet vieles geleistet und uns dabei der nackten Struktur immer näher gebracht, die das Ziel des Mathematikers ist – nicht weil sie das einzige ist, wofür er sich als menschliches Wesen interessiert, sondern weil sie das einzige ist, was er in mathematischen Formeln ausdrükken kann. Aber so weit wir die Abstraktion auch schon getrieben haben: es kann sein, daß wir darin noch weiter gehen müssen.

Im vorhergehenden Kapitel habe ich etwas vorgeschlagen, was man als Minimaldefinition von Materie bezeichnen kann, das heißt eine Definition, nach der Materie sozusagen so wenig ›Substanz‹ enthält, wie es gerade noch mit der Richtigkeit der Physik vereinbar ist. Wenn wir eine solche Definition übernehmen, gehen wir auf größtmögliche Sicherheit aus: Unsere ›dünne‹ Materie wird auf jeden Fall existieren, auch wenn es noch etwas Handfesteres gibt. Wir haben versucht, unsere Definition von Materie wie Isabellas Haferschleimsuppe bei Jane Austen ›dünn, aber nicht zu dünn‹ zu machen. Wir verfallen jedoch in einen Irrtum, wenn wir positiv behaupten, Materie sei nicht mehr als das. Leibniz dachte, ein Stück Materie sei in Wirklichkeit eine Kolonie von Seelen. Es gibt nichts, was beweist, daß er unrecht hatte, obwohl es auch nichts gibt, was beweist, daß er recht hatte: Wir wissen darüber weder in der einen noch in der andern Richtung mehr als über die Flora und Fauna auf dem Mars.

Dem unmathematischen Geist mag der abstrakte Charakter unserer physikalischen Erkenntnis unbefriedigend erscheinen. Von einem künstlerischen Standpunkt aus oder unter dem Gesichtspunkt der Anschaulichkeit ist diese Abstraktheit vielleicht bedauerlich, aber vom Standpunkt der Praxis aus schadet sie nicht. Die Abstraktion, so schwierig sie auch sein mag, ist die Quelle praktischer Macht. Ein Finanzmann, dessen Verhältnis zur Welt von abstrakterer Art ist als das irgendeines ›Praktikers‹, ist auch mächtiger als irgendein Praktiker. Er kann mit Weizen und Baumwolle handeln, ohne daß er je etwas von beiden gesehen hat: Alles, was er davon wissen muß, besteht darin, ob ihre Preise steigen oder fallen. Das ist abstraktes mathematisches Wissen, zumindest wenn man es mit dem Wissen des Landwirts vergleicht. Ähnlich steht es mit dem Physiker, der von der Materie nichts weiß außer gewissen Bewegungsgesetzen, und der doch genug weiß, um in der Lage zu sein, mit ihr Manipulationen anzustellen. Nachdem er ganze Ketten von Gleichungen durchgearbeitet hat, in denen die Symbole für Dinge stehen, deren wirkliche Natur uns immer unbekannt bleiben muß, gelangt er schließlich zu einem Resultat, das in den Begriffen unserer eigenen Wahrnehmungen interpretiert werden kann und das man benutzen kann, um beabsichtigte Wirkungen in unserem eigenen Leben zustande zu bringen. Was wir über die Materie wissen, so abstrakt und schematisch es auch ist, genügt im Prinzip, um daraus die Regeln abzuleiten, nach denen sie Wahrnehmungen und Gefühle in uns hervorruft; und nur auf diesen Regeln beruhen die *praktischen* Anwendungen der Physik.

Das Endergebnis ist: Wir wissen sehr wenig, und doch ist es erstaunlich, daß wir überhaupt soviel wissen, und noch erstaunlicher, daß so wenig Wissen uns soviel Macht geben kann.

Philosophie

Jean Le Rond D'Alembert
Einleitung zur 'Enzyklopädie'
Herausgegeben und mit einem Essay von Günther Mensching
Band 6580

Jean Le Rond D'Alembert
Denis Diderot u.a.
Enzyklopädie
Eine Auswahl
Herausgegeben von Günther Berger
Band 6584

Francis Bacon
Weisheit der Alten
Herausgegeben und mit einem Essay von Philipp Rippel
Band 6588

Ernst Cassirer,
Jean Starobinski,
Robert Darnton
Drei Vorschläge, Rousseau zu lesen
Band 6569

René Descartes
Ausgewählte Schriften
Herausgegeben von Ivo Frenzel
Band 6549

Denis Diderot
Über die Natur
Herausgegeben und mit einem Essay von Jochen Köhler
Band 6583

Hans-Georg Gadamer (Hg.)
Philosophisches Lesebuch
3 Bände: 6576/6577/6578

Jens Heise
Traumdiskurse
Die Träume der Philosophie und die Psychologie des Traums
Band 6585

Max Horkheimer
Gesellschaft im Übergang
Aufsätze, Reden und Vorträge 1942–1970. Herausgegeben von Werner Brede
Band 6545

Sozialphilosophische Studien
Aufsätze, Reden und Vorträge 1930–1972. Herausgegeben von Werner Brede
Band 6540

Zur Kritik der instrumentellen Vernunft
Band 7355

Fischer Taschenbuch Verlag

Philosophie

Martin Jay
Dialektische Phantasie
Die Geschichte der Frankfurter Schule und des Instituts für Sozialforschung
Band 6546

Susanne K. Langer
Philosophie auf neuem Wege
Das Symbol im Denken, im Ritus und in der Kunst
Band 7344

Ludger Lütkehaus (Hg.)
„Dieses wahre innere Afrika“
Texte zur Entdeckung des Unbewußten vor Freud
Band 6582

Platon
Sokrates im Gespräch
Vier Dialoge
Band 6550

Jean-Jacques Rousseau
Schriften
Herausgegeben von Henning Ritter
2 Bände: 6567/6568

Bertrand Russell
Das ABC der Relativitätstheorie
Band 6579
Moral und Politik
Band 6573
Philosophie
Die Entwicklung meines Denkens
Band 6572

Joachim Schickel
Philosophie als Beruf
Band 7315

Hans Joachim Störig
Kleine Weltgeschichte der Philosophie
Band 6562

Christoph Türcke
Der tolle Mensch
Nietzsche und der Wahnsinn der Vernunft
Band 6589

Charles Whitney
Francis Bacon
Die Begründung der Moderne
Band 6571

Franz Wiedmann
Anstößige Denker
Die Wirklichkeit als Natur und Geschichte in der Sicht von Außenseitern
Band 6587

Fischer Taschenbuch Verlag